现代城市美学与公共景观设计研究

李海冬 著

北京工业大学出版社

图书在版编目（CIP）数据

现代城市美学与公共景观设计研究 / 李海冬著．—
北京 ：北京工业大学出版社，2021.2
ISBN 978-7-5639-7867-0

Ⅰ．①现… Ⅱ．①李… Ⅲ．①城市景观－景观设计－
景观美学－研究 Ⅳ．① TU984.1

中国版本图书馆 CIP 数据核字（2021）第 034123 号

现代城市美学与公共景观设计研究

XIANDAI CHENGSHI MEIXUE YU GONGGONG JINGGUAN SHEJI YANJIU

著　　者：李海冬
责任编辑：吴秋明
封面设计：知更壹点
出版发行：北京工业大学出版社
（北京市朝阳区平乐园 100 号　邮编：100124）
010-67391722（传真）　bgdcbs@sina.com
经销单位：全国各地新华书店
承印单位：天津和萱印刷有限公司
开　　本：710 毫米 ×1000 毫米　1/16
印　　张：9.25
字　　数：185 千字
版　　次：2022 年 5 月第 1 版
印　　次：2022 年 5 月第 1 次印刷
标准书号：ISBN 978-7-5639-7867-0
定　　价：68.00 元

版权所有　翻印必究

（如发现印装质量问题，请寄本社发行部调换 010-67391106）

作者简介

李海冬，男，生于1981年，山东济南人。2004年毕业于苏州科技大学（原苏州城建环保学院）建筑系。现就职于华蓝设计（集团）有限公司（原广西建筑综合设计研究院），高级工程师，现任景园建筑设计所所长、华蓝设计公司景观专业技术委员会成员、中国风景园林学会会员、广西风景园林学会会员、广西工程建设标准化协会专家库成员、广西工程咨询协会首批行业专家库专家，兼任广西大学林学院研究生校外导师、重庆师范大学涉外商贸学院客座教授。2019年挂任广西壮族自治区崇左市大新县副县长（协管城建工作、分管广西恩城国家级自然保护区）。长期从事风景园林规划与景观工程设计工作，并以专家身份参与广西区内工程设计评审工作。

从业至今完成景观工程设计与规划项目百余项，主持和参与“第12届广西（防城港）园林园艺博览园”“南宁东站综合交通枢纽二期工程（地面南、北广场）”“北海冠岭项目景观一期工程”“东兴国门环境整治改造工程”“广西南宁·东盟各国联络部基地园区规划调整”“南宁国际会展中心改扩建工程”“南宁市民族大道北侧山体公园”等自治区级及地市级重点项目十余项，荣获省部级奖项二十余项。

前　言

城市公共空间是城市环境组织形态的重要组成部分，景观设计的意义应该在于改进城市的生态、创造具有生态美的自然环境景观。随着我国物质文明与精神文明建设的逐步完善，公共景观（城市广场、公园、街道居住区等）已成为城市文明的象征，体现着现代人的价值观、审美观和趣味。近年来，随着改革开放步伐的加快和经济建设的飞速发展，城市公共景观呈现出多姿多彩的风貌。在城市化的进程中，如何进一步做优做美城市公共景观，避免进入误区，实现科学发展、和谐发展，成为一个值得研究和探讨的课题。

全书共六章。第一章为绪论，主要包括美的产生与发展、城市景观的要素、城市景观的审美理念、城市公共景观的分类四部分内容；第二章为现代城市美与审美阐释，主要包括城市与场所、城市美的本质与特征、城市美的类型与艺术范式、城市景观的审美模式和评价四部分内容；第三章为城市公共景观设计的原理和流程，主要包括城市公共景观设计的原理和城市公共景观设计的流程两部分内容；第四章为城市公共景观设计的原则和方法，主要包括城市公共景观设计的原则、城市公共景观设计的方法、“城市双修”与“城市更新”三部分内容；第五章为城市各类公共景观的设计，主要包括城市广场景观设计、城市街道景观设计、城市公园绿地景观设计、城市居住区景观设计、城市滨水区景观设计、城市商务区景观设计、城市校园景观设计、城市口袋公园及街头绿地景观设计、海绵城市理念下景观化设计、城市更新理念下景观微环境设计十部分内容；第六章为项目实例，主要包括南宁东站交通枢纽广场景观设计、南宁国际会展中心改扩建工程景观设计、广西壮族自治区第 12 届（防城港）园林园艺博览园景观设计、北海冠岭国宾接待基地景观设计四部分内容。

为了确保研究内容的丰富性和多样性，作者在写作过程中参考了大量理论与研究文献，在此向涉及的专家学者们表示衷心的感谢。

最后，由于作者水平有限，本书难免存在一些疏漏，在此，恳请读者朋友批评指正！

目　录

第一章　绪论

城市景观是城市灵魂的体现，具有丰富的物质生活和精神生活内涵。随着社会的进步和人类对大自然与人类文明关系认知的提升，人们对城市景观的认识、要求和审美评价也在不断地更新和提高。关注文化，尊重自然，强调可再生能源的利用，恢复、保护本地特有生态系统的完整性与多样性等将成为新的城市景观设计趋势。本章分为美的产生与发展、城市景观的要素、城市景观的审美理念、城市公共景观的分类四部分。主要内容包括美的产生、美的发展、地形地貌要素、水体要素、植物要素、公共设施和艺术品要素、人性中自然性与文化性的并存、中西方自然美学观的价值取向等方面。

第一节　美的产生与发展

一、美的产生

（一）从石器的造型上看美的产生

在原始社会中，人与人的关系是互助合作的关系。在劳动中，人类是作为自由创造的主体而出现的。首先人类用自己的劳动创造了实用价值，而后才创造了美，事物的使用价值先于审美价值。

人们总是在满足物质生活需要的基础上，然后才能提出精神生活的需要。人类最初进行生产并不是为了创造美，也没有专门创造出美的对象，美和实用是结合的，有用的、有益的往往也就是美的，因为人类劳动是从制造工具开始的，工具的制造最明显地体现了人类有意识有目的的活动。

北京周口店北京猿人生活在距今 70 万—20 万年前的旧石器时代，当时他们使用的是打制石器，很粗糙，没有定型，往往一器多用。从材料的选择、加工的方法，到外形的特征，都体现了人类自觉的、有意识的、有目的的创造活动。因此不管这种石器如何粗糙，它对人类历史的意义都极为重大。原始人类制作这种石器并不是为了追求美，而是为了满足实用的需要。

从美学意义看这个时期的器物有两点值得注意：一是钻孔和磨制技术的发展，最有代表性的器物是骨针，针尖和针孔的加工都是一种细致的劳动；二是装饰品的出现，装饰品有石珠、兽牙、海蚶壳等，红色、黄色、绿色相映成趣。这些器物反映了原始人类在解决物质生活需要的同时，有了审美的需要。

新石器时代是以磨制光滑石器为主要标志的，制石技术从敲击发展到琢磨，经历了数千年，玉器的碾琢奠基于长期磨制石器的技术基础之上，两者在刻、琢、磨、钻技术上可以说完全一致。

在艺术上，玉、石器的差异更为明显，玉器之美大多出于人们观念上、美感上的需要，是非实用的一种特殊功能所派生的装饰美。

（二）从彩陶造型和纹饰看美的产生

在新石器时代陶器发明前，人类对自然的改造，都是改变材料的形状，并没有改变材料的性质。而陶器的制作是把黏土经过加工做成坯子，再烧制成另外一种新的物质——陶。陶器的出现标志着人类智慧的进一步发展。陶器对人类生活有重要影响。陶器在古代是一种生活用品，其最初的造型和工艺技术是受当时人们单纯的实用目的驱使而出现的。如炊器有鬲、釜，饮食器有碗、盆、杯，汲水器有尖底瓶，盛储食物的器具有瓮、罐等，这些器物的造型都是从实用需要出发来设计的。

从目前出土的陶器来看，黄河流域主要有仰韶文化、马家窑文化、齐家文化、新店文化、唐汪文化、大汶口文化等，均以彩陶著称。其中，马家窑文化中的彩陶，图案之精美，构成之复杂，是彩陶中的珍品。不少彩陶罐不但侧视时构图精美连续，俯视时也同样形成精美的完整的构图。

二、美的发展

在人类发展的历史过程中，正是由于生产劳动，人类才不断地认识和改造客观世界，使自然界日益符合人类生存的需要，与此同时，人类也不断地改造自己，使自身的本质力量得以完善和丰富，人类在自由创造中发展了自身。现代科学认为，智力的大小与大脑皮层的大小有关：人类的大脑皮层面积约为四张 A4 打印纸的面积，黑猩猩约为一张 A4 打印纸的面积，猴子约为一张明信片的面积，老鼠约为一张邮票的面积。正是人类的自由创造能力，促进了人类大脑皮层的扩大，同时在人类的遗传密码中，储存着更多的智力模板和信息密码，以至于人类的智力具有某种无限可发展性。

凡是人在创造性的活动中显示出来的聪明、智慧、才能，在追求新生活中所显示出来的理想、情感、愿望，都是人的本质力量的具体表现，同时也在不同程度上，在事物的不同侧面表现和发展了美。因此，美是一种历史现象，是发展的、变化的，它总是随着人的创造力的不断提高，经历着由少到多、由低到高、由粗到精的发展过程，美的发展具有一定的历史尺度和历史阶段性。

第二节 城市景观的要素

一、地形地貌要素

土地在地球表面的三维突起叫作地形或地貌，每个区域由于其生态作用力的差异，地形地貌随着时间的推移会发生改变，转化为该区域的自然特征。城市的出现，往往从生态、技术、文化等多方面对地形地貌产生持久影响，因此，在历史相对久远的城市中，较为突兀的地形地貌比较少见，一般都趋于平坦。但随着生态设计等理念的广泛应用，一些新兴城市把一些特殊地形地貌纳入其中，丰富了城市景观。地形按形态特征可分为以下几类：

（一）平地地貌

平地是一种较为宽阔的地形，最为常见，被应用的也最多。在平地上构筑景观可保持通风，开阔视野，展示景观的连续性和统一性。平地相对缺乏围合的感觉，因此，此类用地多在草坪、各类城市广场、建筑用地中出现。

从设计角度看，平地对于城市景观设计的限制最小，如平地上的道路任何方向都可通达而不受限制。在平地上可以用连续性的景观要素和其本身良好的通透性来实现扩展设计，其内部空间景观要素既相互联系，又各有重要的视觉作用。景观的趣味性较差是平地的一个弱势，所以需要依靠空间与空间、景观要素与空间及景观要素之间的相互关系来补充，如通过颜色鲜艳、体量大、造型夸张的构筑物或雕塑来增加空间的趣味，形成视觉焦点，或者通过构筑物来强调地平线与天际线的水平走向，形成大尺度的韵律，或者通过竖向垂直的构筑物来形成与水平走向的对比，增加视觉冲击力。

（二）凸起地貌

凸起地貌，相对于平地地貌而言，它富有动感和变化，如山丘等，往往在一定区域内形成视觉中心。因为在通常情况下，突然起伏的地形容易对人的视觉感受形成刺激，所以在景观设计时可在较高的地方设置建筑或构筑物，这样可更容易强化其本身对人的吸引。同时，在设计时，还应注意从四周向高处看时地形的起伏和构筑物之间所形成的构图关系，从整体景观角度进行布置。另外，凸起地貌还可调节微气候，但不同朝向的坡适宜种植的植物有所不同，应谨慎选择。

（三）凹形地貌

凹形地貌是由两个凸形地貌相联结形成的低洼地形。凸形地貌的围合，在一定尺度范围内能产生闭合效应，减少外界的干扰。凹形地貌周围的坡度限定了一个较为封闭的空间，坡度越接近 90° ，封闭感越强，这一空间在一定尺度内易于被人们识别和利用，而且会给人们的心理带来某种稳定和安全的感觉。

与凸形地貌一样，凹形地貌中人工和自然的凹陷地形也能起着中心的作用，只不过这里的中心不是具体的某一建筑或构筑物，而是一个面。凹形地貌创造了独特的微气候，并且在形式上与周边陆地形成对比。为了满足中心文化的功能，许多自然的凹陷地形被修改，如城市中的下沉广场，在此类广场中，周边的斜坡可作为露天的座位，中间的平地可作为观演活动的中心。

二、水体要素

水是生命的象征，是一切生命体赖以生存的首要条件，是设计师最得力的工具，常常是整个设计的点睛之笔。水体在城市景观中的作用可概括为以下几点：

一是基底作用。广阔的水面可开阔人们的视域，有衬托水畔和水中景观的基底作用。当水面面积不大时，水面仍可因其产生的倒影来扩大和丰富空间。

二是改善地域环境。在空气炎热、干燥的时候，水的蒸发和冷却可有效提高景观的舒适度。水的特殊的视觉效果也可缓和天气的不适给人们带来的烦躁情绪。城市景观中的水景往往是集改善城市小气候、丰富城市景观和提供多种功能于一体的水景类型。

三是提升景观和土地价值。水是一种娱乐资源，可利用它垂钓、游泳、划船，音乐喷泉等形式的水景可放松娱乐身心，因此，水可以聚集人气。城市景观中的水有巨大的商业价值，与水毗邻的地方常被开发利用。

三、植物要素

植物在城市景观设计中也是一个重要的因素，城市景观设计中常用的植物有乔木、灌木、草本植物、藤本植物、水生植物等。植物在城市景观中的作用主要有以下几种：

一是分隔空间。植物本身的可塑性很强，可独立或与其他物质要素一起构成不同的空间类型。植物对于景观空间的划分可在空间的各个层面上进行。植物还能配合其他物质要素的景观要求，从而构成丰富的城市景观。

二是连接和过渡。景观与景观之间需要通过过渡的手法来丰富和完善，一些相对分散且缺乏联系的景观、建筑或物质要素可以利用成片或线状植物带来进行连接，使之成为一个景观整体。在纵向方面，植物既可以减缓地面高差给人带来的视觉差异，又可强化地面的起伏形状，使之更有趣味。

三是遮蔽视线。植物遮蔽视线的作用建立在对人的视线分析的基础之上，适当地设立植物屏障，能阻碍和干扰人们的视线，将不良景观遮蔽于视线之外，将所需美景收入眼中。用高于人的视线的植物来遮蔽不良景观，形象生动、构图自由，效果较为理想，但也并非总占优势。因此，在具体设立这一屏障之前，一定要深入研究，搜集各方面的数据，得到最佳方案。

四、公共设施和艺术品要素

公共设施和艺术品的设计是多种设计学科相结合的结果，除了景观设计以外，工程造价、平面设计、雕塑等的理论与创作也适用其中。它们既要满足自身使用功能要求，又要满足景观造景的要求，以求与自然融成一体。在整个景观空间的营造上，公共设施和艺术品要素虽然不如界面要素那么突出，但在营造景观气氛上却有画龙点睛的作用。

因此，在任何情况下，都应将公共设施和艺术品的功能与城市景观要求恰当、巧妙地结合起来。

第三节　城市景观的审美理念

人们一直以人文性与功能性的内涵作为“城市”的核心要义，诸如城市被认为是人口集中，工商业发达，居民以非农业为主的地区；通常是周围城市的政治、经济和文化中心；或者城市的基本要素包括人口高度聚集的地区、建筑物和基础设施密集的地区、工业和服务业高度聚集的结果、市场交换的中心；抑或是美国社会哲学家刘易斯·芒福德所认为的“盛装人类文明的巨型容器”。这些观念都是着眼于强调城市在解决人类居住、工作和交通等生活需求方面的实用功能。由此，城市景观作为一座城市的物质形式外观，也必然是以人文景观为主导，以满足人的功能需求为根本目的的。住宅、写字楼、歌剧院、电影院、学校、医院、教堂等建筑物，以及道路、桥梁、公园、交通工具和城市绿化带等公共设施(场所)才是一个城市的景观主体，即使是原生的自然景观，也只有通过人类实践活动的改造才能对城市的景观风貌产生影响和作用。尤其是在先进的工业文明和发达的科学技术的推动之下建立起来的现代城市，高耸入云的摩天大楼，气势恢宏的城市广场，车水马龙的繁华街道，成为一座城市的标志性景观，象征人类最高端的智慧和最奢华的享受。这些景观给人强烈的感官刺激的同时，也给人强烈的美感。这种美，是一种筑基于高科技与工业生产的美，这种美只有在繁华而忙碌的城市中才能产生，也只有在注重功能性与人文性的城市景观中才能充分体现出来。

然而，城市景观对原生态自然的过分侵吞和改造所造成的环境损害，对自然资源无节制的污染和损耗所导致的自然灾害，再加上城市中无处不在的污染、喧闹、紧张的生活节奏等，凡此种种，让人们逐渐意识到功能性与人文性的城市似乎并不是理想的生活场所，筑基于高科技与工业生产的城市景观之美仿佛也不是审美理想的皈依。在对当今发达的城市生活持怀疑和否定的时候，人们又开始回过头去，对尚未步入城市化快速发展之前的农业社会生活表现出深深的怀念与眷顾。曾经我们也是被鸟啼婉转、百花盛开的景象围绕着，曾经我们也享受过门前树木苍翠、窗前彩蝶翻飞、日间燕子绕梁、夜晚乌鸟啼鸣的美好生活，曾经我们也有“寂寞空庭春欲晚，梨花满地不开门”的诗意般的审美情境。这些情境中所蕴含的真与善、宁静与和谐、闲适、浪漫、纯朴等美好的因素，让终日生活在高密度水泥森林，花园只是高楼下狭窄的绿化带，森林只是郊外草木稀疏的苗圃，千篇一律的灰蒙蒙的公路、零星的花草作为城市景观的点缀中的人们，不由自主地生发出无限的向往。

于是，在城市的审美视野里，开始出现了多样化的审美视角，既有对乡土田园的诗意歌咏，又有对城市人性异化的批判意象，还有对城市文明进程的怀疑与焦虑。在这复杂的审美情感中，有一条主旋律始终贯穿着，那就是在城市与乡村的审美情境的比照中所展现出来的，对永恒、宁静、牧歌意味的古典审美理想的皈依。崇尚自然，贴近自然，让自然在城市中自然地生长，将城市建设成山水园林城市，使原生自然景观与城市人文景观和谐并存，在景观中实现人与自然的和谐相处，才是景观之美的极致，也才是城市景观美学的终极追求。

对自然之美的歌咏与向往，就在当代城市紧张忙碌的物质文化现状之下，如此华丽地吹响了。尽管与发生在乡土的田园牧歌比起来，少了一份“天人合一”的恬淡安详，多了一份紧迫和急促的心理和情绪，从而显得不那么流畅，也不那么悠扬，但是这婉转吹送的一曲对山林、田野、湖海、蓝天的深情眺望与渴慕，终究还是把我们模糊的梦想送进了夜空，奠定了以自然美为核心的城市景观审美理念，以及以人与自然和谐为参照的城市景观审美选择。这是从城市生存状态的现实困境中绽放出的理想之光，是人性中本真的召唤，城市景观在对自然、生态、价值、美感体验这一系列人类生存、意识的表现中，由仅仅对美的诗意眺望，最终实现了对审美理想的追求——追求“人与自然和谐共生”的美好情境。

一、人性中自然性与文化性的并存

人性——作为在一定的社会制度和历史条件之下形成的人的品性，在其内在结构中，我们可以清晰地看到，在人性中其实是自然性和文化性并存的。人作为自然的存在物，和生活在这世界中的其他生物一样，会受到自然规律的决定和支配，“饥而欲食，寒而欲暖，劳而欲息”。同时，从人自身的存在而言，人是处于自然之中并且与自然万物有着复杂有机联系的存在者，不但人的主体性来源于自然，受自然的规定，而且人改造环境的智慧和力量都是自然赋予的。可以说，人是不能脱离自然的，人与自然始终是一种一体性和同源性的关系，人是“自然之子”。但与此同时，人又是一种超自然的社会存在物，具有区别于其他生物的理性思维和实践活动的能力。人之为人的本质就是可以用理性的头脑不断思索自然背后的最终根源并通过对象性的实践活动来控制自然，改造自然。在这不断“人化自然”或“自然人化”的过程中，建立起源远流长的人类文明，发展出一整套的伦理道德、社会制度等文化规范来制约和引导人的自然性，让其保持在一定的理性秩序和价值规范的范围之内，从而彰显出人性中文化性的价值和意义。

所以，人性既不是纯粹的自然性，也不是纯粹的文化性，而是自然性和文化性的对立统一。人作为大自然中的一种存在，必然具有自然性，而人之为人却又在于文化性，在于“礼、乐、刑、政”的教化，在于人所创造的社会原则和文化准则。如果说人性中的自然性是“皮”的话，那么人性中的文化性则是“毛”，“皮之不存，毛将焉附？”，没有了人性中的自然性，人就失去了存在的根据；反之，没有了人性中的文化性，人也就因失去了人类文化的光彩而把人的追求降低到了动物性，从而也失去了人所存在的意义和价值。因此，人就是一种双重存在物，人性中的自然性和文化性这二者在人性的内在结构中并存并立，不可分割。

然而，纵观人类环境发展变迁的历史过程，似乎从未遵从人性结构的这一内在规律，环境中的自然性和人工性与人性中的自然性和文化性从未达成契合。从远古时期生活在纯天然的自然环境中“茹毛饮血”，到在生产力低下的农业环境中“面朝黄土背朝天”“一分耕耘、一分收获”，人类大量接触自然，人性中的自然性得到充分的肯定，但是人性中文化性的一面却未能得到很好的张扬。科学理性的尚不发达使人的主观能动性的发挥受到很大的限制，人类过度地依赖和崇拜自然，淡化和模糊了人与动物在活动和存在上的本质性的差异，同时也否定了人之为人的本质。及至工业社会现代科学的崛起为人类带来了幸福和希望，使人的主体意识获得了空前的觉醒，人的目的和需求得到了最大的满足。随着城市化进程的到来，拥有人类最高水平生产生活方式、荟萃人类最优秀文明的城市环境，将人性中的文化性张扬到极致，却又在这“钢筋水泥”的人工世界中淡化了人与自然的生命联系，并且过分强调人的主动性和能动性，强调人对自然的征服和改造的“人类中心主义”价值观及其所导致的城市中的环境污染、生态危机更是将人与自然彻底隔离开来，将人性中自然性的一面严重压抑。

可以说，人性中的自然性与文化性从未在人类的生存环境中实现过和谐与平衡，要么是在人对自然过度依附的环境中导致人性缺乏价值理性的规范引导，要么就是在人对自然过分改造的环境中导致人的本质力量的片面化发展，从而导致精神与肉体、认知理性与价值理性的敌对和分离。总之，始终是人性的异化与分裂，始终在人类的生存状态中留有一种缺憾，即没有在自己所生活的环境中真正体验到一种作为人应有的自由感和解放感，一种物质与精神和谐统一的美感，一种自我实现层面的内在快乐和超越。

但是，人性中自然性与文化性并存的这一客观规律，并不因外在环境的压迫和限制而发生改变。尽管这两方面始终处于失衡的状态，但是恢复平衡的渴望与努力也从未间断，并随着人类漫长的历史发展过程而逐渐保存积淀下来，最终内化为一种似乎可以表现为人类本能和天性的最本真的力量，这种力量时刻召唤着人们要从沉沦的人性中解放出来，回归人与自然、人与社会无遮蔽的本真的存在状态。在这种存在状态中，人性得以恢复，人性中的自然性与文化性得以和谐一致，人才真正地获得了内在的快乐和超越。人的内心由此产生了一种矛盾与斗争的态势，然而，也正是在这矛盾与斗争的态势中诞生出了一个

“美与和谐的理想”，即在人的各种存在关系中，都以追求人与自然的和谐为主旨，从而实现人的全面发展和人类的终极幸福。这既是历史发展的必然，也是对人性中本真性的呼唤，既然不能在现实环境中建立人性的家园，那么就转而化为内心最强烈的渴望和生命中最永恒的理想，为我们树立努力前行的方向。因为只有人与自然的和谐共生，才是实现人的全面发展和人类幸福的前提和保障。

在人类生存环境的历史变迁中，从远古的自然环境，到中古的农业环境，再到近现代工业社会所带来的城市环境，尽管我们无法消除这些环境类型所造成的人性发展的不平衡，但这个“美与和谐的理想”仿佛“集体无意识”一般，根深蒂固地植根于人的心理结构之中，并且随着历史实践活动的不断发展，随着人的意识提升到一个更高的水平，就愈发地认识到追求人与自然和谐对于人性本身和谐的重要意义和价值，也因此对和谐理想的追求与渴望就更加地持久和强烈。在当代，人们生活在工业文明和科学技术所营造出的城市环境之中，享受车水马龙的繁华之时，也被“钢筋水泥”把人与自然隔离开来，使人与自然难以相通，由此导致人性中的自然性的严重压抑。但城市终归是历史发展的必然，城市中荟萃着人类最优秀的文明，体现着人类最高水平的生产生活方式。尽管在自然性方面处于劣势，但人性中的文化性也只有在城市中才能实现充分的张扬，所以，我们那追求美与和谐、追求人性完整、人格完善的信念与希望只能以城市为基础，通过实现城市环境的自然性与人工性的和谐，从而实现人与自然的和谐共处、最终恢复人性内在结构中自然性与文化性的统一。其中，城市景观这一具有美学意味的城市环境的物质形式外观，既作为人类对自身生活环境的具体实践，又作为城市中最饱含人的审美期待的形式因素，就成为城市环境中理想寄托与人性拯救的最现实最有效的途径和方式。甚至，人性中的自然性越是被过度人工化的城市环境所摧毁和压抑，这种审美期待就越是持久而强烈。

正如麦克塞尔（Maxell）所说：“当人是其自身、人性的存在时，景观会成为他对真、善、美价值看法的代言人。”因此，在对城市景观的创造和欣赏中，由人性中自然性与文化性的并存所生发出的那个追求人与自然和谐的内心永恒的理想，一直作为城市景观美学的理想典范，不断指引着景观的艺术形式的发展和艺术风格的演变。而在人们心中也永远奠定了一种理想的景观美范型，那就是清新优美的自然景观与底蕴浓厚的人文景观的共生共荣、和谐统一。自然景观为城市环境带来感性和诗意，人文景观则为城市增添浓厚的历史人文底蕴，两者的充分融合、相得益彰，诞生出撼人心扉的意境之美。只有城市中人文景观与自然景观的相辅相伴，和谐共生，才最能体现人与自然和谐的审美理想，也最能营造一个美的生存环境。武汉正是有了黄鹤楼、晴川阁与鹦鹉洲、汉阳树的互相彰显，才有如此悠远动人的城市美景；杭州也正是有了“苏堤春晓”“曲院风荷”的映衬，才会如此地妩媚万千、婀娜动人；长安城的车水马龙与鸟啼婉转、百花盛开相得益彰，身居闹市之中而有乡间之乐，成为中国历史上最负盛名的古都，历经千载仍为后世传颂。人类在这样美好的生活环境中，获得了人性需要的全面满足——优美的山水风光唤醒和完善了人性中的自然性，深厚的人文底蕴增进和提升了人性中的文化性。在这自然所孕育的万物生命与城市所蕴含的人类自身生命的比照和映衬中，人与自然所共同拥有的生命价值得以恢复和彰显，人性中的自然性与文化性回归到本真的和谐状态，人才真正地拥有了属于人的体验、人的自由、人的快乐。

总之，一方面正是人性中自然性与文化性的并存，而使人类的心理结构中积淀出了一种本真的天性与渴望；另一方面却是人类现实生存环境发展的不平衡，导致了人性的异化和失衡。在这两方面的矛盾与斗争中，就如古希腊哲学家赫拉克利特所说“差异的东西相会合，从不同的因素产生最美的和谐”，由此促成了“追求人与自然和谐”这一审美理想的诞生。而在人类创造理想生存环境的历程中，历史发展的必然又将此审美理想寄托在了城市这一荟萃人类最优秀文明的环境范型之中。其中，作为城市环境中最具美学价值的物质形式外观——城市景观，则成为了实现审美理想最现实最有效的途径和方式。在“人与自然和谐”作为城市景观审美理想的指引之下，城市景观的创造和欣赏都以自然景观和人文景观的完美融合作为建设理念发展的根本宗旨，以实现人性中的自然性与文化性的和谐平衡作为终极目标。在一个既能体验深厚历史人文底蕴，又能享受田园诗意氛围和乡村闲适情调的景观环境之中，人与自然、与历史和谐共生、平等对话，在获得最诗意最理想的生活方式的同时，也在不断的审美过程中实现人格的完善和人性的自由。

二、中西方自然美学观的价值取向

城市景观美学的理想典范在于“追求人与自然和谐”，一是由人性结构的内在规律——自然性与文化性的并存作为其内在依据，二是中西方自然美学观对人与自然和谐的共同的审美追求和价值指向，又成为这一审美理想的外在动力，经过一代代的浸润与渲染，演变为对人们的精神承诺，吸引人们回归到人与自然和谐共生的古典美氛围。这些传统的精神价值作为一种恒久的象征和理念，对人们的审美意识和情感体验产生深刻的影响，注入城市景观的审美价值取向中，可以成为解决当今环境危机背景下的城市景观美感危机的一种理想的途径和方式。

一般来讲，由于哲学根基和文化背景的差异，中西方也展现出了不同的自然审美观念。前者是以传统而恒久的精神价值理念在漫长的历史进程中来教化和浸润人们的审美意识和审美趣味，从而积淀出一种独有的民族传统审美心理结构；而后者是从惨痛与沉重的历史事件中吸取教训，摒弃错误的思维和立场之后，转而在更高层次上对传统自然审美观进行充满理性的反思与重建，使其获得现代性的消解与转化之后，以一种全新的审美标准，介入对整个人类环境、整个世界的思考和关注。但两者最终都指向一个共同的审美理想——人与自然的和谐共生。

（一）中国传统自然美学观的浸润与吸引

“天人合一”是中国传统哲学中的一个基本精神，意思就是说追求一种人与人、人与自然的和谐统一的亲密关系。中国三大哲学流派儒家、道家和佛教禅宗从各自不同的角度和立场阐释了“天人合一”。

儒家从伦理道德的角度出发，在道德伦理秩序与自然山水之间建立起一种同形同构的关系，通过人性与自然在特征上的某种相似性，将外在的自然规律和秩序与人的内在精神和情感欲求相统一。儒家的核心思想“仁”所倡导的就是从最初基于血缘关系的家族成员之间的爱逐渐发展到整个人类共同体成员之间的爱，最终扩展到对宇宙万物的爱。这方面的例子很多，例如，表明人对自然的敬畏之心的“知天命”，主张人的最高价值是“赞天地之化育”。又如，在《论语·先进》中，孔子与子路、曾哲、冉有、公西华的一段对话，深刻地表明了儒家的生活追求和人生理想：“莫春者，春服既成，冠者五六人，童子六七人，浴于沂，风乎舞雩，咏而归”。夫子喟然叹曰：“吾与点也！”原来，沐浴在大自然的诗意氛围和闲适情调之中，享受人与自然的和谐统一，才是孔子心中最美好最舒适的生活境界。

道家从维护自然本身的秩序与规律出发，强调保持人与万物的自然本性。庄子讲“无为”，就是在追求一种人本身能够与天地自然同化的自由的境界；而“以道观之，物无贵贱”从自然总体运化的高度来看待人与自然的价值关系，主张的是人与自然万物之间价值的平等；甚至认为人与自然浑然一体、无知无欲，按自然天性自由自在生活，才是人类生存的理想境界，即所谓“同于禽兽居，族与万物并”的“至德之世”。还有庄子在“天地与我并生，万物与我为一”

中将天地万物视作一个统一的整体，而人只是这个整体中的一员，人离不开自然天地，必须与自然合二为一的整体观念，可以说将自然推崇到了无以复加的程度，将人与自然的和谐相处作为其终极的审美期待和人生理想。

禅宗则是从“自悟”和“顿觉”出发，以个体的沉思冥想和自觉经验的方式，在感性中通过悟境到达人与自然浑然一体的整体境界。而这“顿悟”“妙悟”也必须通过与大自然之间建立起的亲密关系来获得。在禅宗的思想里，宇宙万物皆有佛性，而只有在灵趣的山水自然之间，才最容易获得灵感和参悟。还有禅宗通常以圆为美，以“大圆境界”为最高境界，就是因为“圆”所蕴含的无所不容、无所不包的意蕴，展现出了一种宇宙和人生的终极和谐之美。甚至还有一个耐人寻味的现象，即“天下名山僧占多”，禅院一般都坐落于风光秀丽的名山之上。由此种种可以观之，禅宗所追求的真谛、妙悟、佛性，到最后实际上都是一个人与自然相谐相融的“天人合一”的境界。

儒道禅虽然以各自不同的方式来阐释“天人合一”的哲学观，但其共同的指向就是抒发对天地自然的尊重与热爱。在此基础上建立起来的中国传统的自然美学观，就非常强调人与自然的和谐共处和情感交流，要求人要以超功利的、审美的态度与自然之间建立起一种感性的、情感的关系。于是，在中国的诗词歌赋中，文人们总是将自然视作与自己性灵相通的朋友，能够分享自己的喜悦与悲伤：“举杯邀明月，对影成三人”“不应有恨，何事长向别时圆？”中国的田园诗更是讴歌了清新优美的自然山水带给人的恬静闲适的生活氛围和自由洒脱的心境。“独坐幽篁里，弹琴复长啸。深林人不知，明月来相照”，这是何等美妙的生活情境和审美情境，人在这清幽纯净的环境中获得身心的自由和陶醉，同时也对自然表现出深深的眷恋和热爱。还有中国独特的“人造自然”——古典园林，以山水为基础、以植被作装点，以水脉为依托，其最根本的设计理念就是“虽由人作，宛自天开”，以人与自然的亲和对话来营造一个深远而高雅的审美意境，归根结底还是一种强调人与自然的情感交流、讲究人与自然和谐的审美态度和审美追求的体现。

由此可见，在“天人合一”哲学精神基础上建立起来的中国传统的自然美学观，深深地影响着中国传统文化的审美精神和审美特性，并经过几千年悠久历史的长期养育和积淀，最后化作一种恒久的精神价值理念，积淀在人们的文化心理结构之中，发展出一种中国独有的民族传统审美心理。而这种民族传统审美心理必然会影响到当代中国人对城市景观的审美意识和审美价值取向。尽管快速的城市化进程使城市景观的空间环境和物质形态产生了极大的变化：高耸入云的摩天大楼和宽敞明亮的大马路取代了小桥、流水、人家，车水马龙的熙来攘往取代了“山水有清音”“曲径通幽”，同时人们也充分肯定并需要这种筑基于工业文明与高科技的强烈美感，但那长久以来形成的深厚、稳定的人文积蕴，一方面给我们树立了一种精神承诺和审美理想，时时吸引着我们回归曾经那人与自然和谐共生的古典美氛围；另一方面又通过长期的社会教化、家庭浸润将其得到因袭和巩固，时时发生着对城市的审美批判和反思，尤其是当城市化进程显示出不完善、不尽如人意时，这种批判和反思就越发强烈。

因此，在两方面的共同作用下，当代人们对城市景观的审美理想仍然建立于中国传统自然美学观的理念与目标之上，以追求人与自然和谐共生的景观环境为最终极的审美期待。

（二）西方现代自然美学观的反思与觉醒

中国传统“天人合一”的哲学精神抒发了对天地自然的尊重与热爱，而在此基础上建立起来的中国传统的自然美学观，就非常强调人与自然和谐共处的审美关系与情感交流。但西方哲学看待人与自然的关系却是偏重于认识论，强调从认识论的角度出发来探索自然的本质是什么，以及按照“主客二分”的哲学思维来探讨人与自然的关系应该怎样建立和处理。

从认识论的角度来思索自然，一方面以一种理智的思维方式和实践的功利态度，能够有效地认识和把握自然的内在规律，对于推动自然科学的发展和人类物质文明的进步，具有非常重要的意义和价值。这一点从西方一向发达的自然科学，以及其所开创的近代工业文明和科学技术的迅猛发展，就可见一斑。但另一方面，也正是理性主义和功利态度，使情感的因素受到压抑和排斥，而不利于审美关系的建立，因为审美关系中一个非常重要的特征就是非功利的、情感的体验。由此而发展出的西方自然审美观，与中国传统自然审美观注重人与自然的情感交流不同，而更注重自然物自身的性质，并且在人与自然的审美关系上，以一种“天人分立”的哲学思维，强调人在审美关系中的主体地位，而把自然视作独立于人的、不受理智所控制的外在审美客体，等待审美主体的发现与欣赏。

伴随着近代工业文明的蓬勃发展和城市化进程的正式展开，人的主体性变得极度膨胀，及至发展演变为极端的“人类中心主义”和“工具理性”之后，自然彻底沦为人类的奴仆，只有被改造和被控制的命运。人在对自然的审美关系上，更是背离了情感需求与体验的美学本质，背离了“自然情感”本身，而只是将自然看作一个机器，正如法国哲学家笛卡儿（Descartes）所说：“只有那些能用机器领会的话语才被认为是正确的。”

在用最高端的智慧和最先进的技术营造出来的城市中，人们越来越远离优美的自然环境。污染、喧闹、嘈杂和紧张的生活节奏，使人们身心受创，人性出现异化，高度的技术文明与深刻的精神危机形成巨大的反差。在这种情形之下，人们开始反思工业文明的发展对自然造成的灾害，反思因理性哲学的无情宰制而形成的认识论自然审美观。卢梭等启蒙运动的巨匠发出“回归自然”的疾呼，并经歌德、席勒和谢林等人的继承，演变为一场声势浩大的浪漫主义运动，在艺术上发展出以自然风景为主的风景画、以乡村生活为题材的小说等来表达对自然的深情投入和对田园牧歌的爱恋。这既是人类在与自然保持了一定“审美距离”之后，产生的一种“思乡”情绪，又是人类在反观自然之后对城市文明的最初批判。随着 19 世纪以来工业革命所导致的生态危机的出现，以及其所引发的 20 世纪 60 年代以来的生态运动在世界范围内的出现和展开，人类对自然价值的反思从仅仅关注精神生活的艺术层面延伸到了具体的社会实践层面，这标志着人类对城市文明的第二次也是最深层次的批判。西方发达国家组织了数量众多的生态组织和生态绿党，希望以此影响政府的环境政策，部分生态绿党还通过选举进入了议会参与执政。所有这一切，意味着引导工业文明的西方社会已经觉醒过来，开始意识到环境和生态问题的严峻性，开始重新思考人与自然存在的关系问题和人类今后的生存命运问题，并且也已经逐渐摸索到解决危机的途径，即“只有实现从工业文明向生态文明的转型，人类才能从总体上彻底解决威胁人类文明的生态危机。人类文明范式的转型，是人类走出生态危机的必由之路”。

这一思想经由现实层面上升到学术层面之后，掀起了一场哲学的革命，从人类中心过渡到生态整体，从工具理性世界观过渡到生态世界观，在方法上则从主客二分过渡到有机整体。并得到有关生态和环境的自然科学和人文社会科学领域的支持和响应，环境哲学、生态哲学、环境伦理学、环境美学等在西方迅速崛起。德国哲学家海德格尔（Martin Heidegger）从存在论的角度来解读自然美，认为“自然”是一个存在整体，“神圣乃自然的本质”。在此哲学基础上建立的生态存在论审美观，赋予自然美本体论的地位，认为自然是“天地神人四方游戏”所敞开的澄明之境与终极之美，人只有与自然共在一体，回归到人与自然原初的和谐状态，才能实现“诗意的栖居”，也才能恢复人的本质和原貌。而当代西方的环境美学则立足于解决人类现实生存需要和西方美学发展困境的双重视角，来重新思考自然美的问题：一方面批判人类中心主义，主张美在自然，非常推崇自然自身独特的审美价值，甚至主张“所有的自然世界都是美的”的“自然全美”论；另一方面又批判西方主体性美学思潮的“唯艺术论”，主张扩大美学的边界，将自然和人类生存的整体环境都纳入美学的视野，以此实现对西方二元论美学的当代重建。

可以说，当代西方的环境美学所主张的自然审美范式，一方面放弃了人类中心主义的传统认识论自然审美观，另一方面又突破了传统“无利害”的审美态度，试图在自然审美中建立起人与世界的相互交往与理解。而这两方面归根到底所指向的，就是一种生态整体式的全新自然审美标准。

由此可见，西方社会是在饱尝了“人类中心主义”和“工具理性”所带来的人与自然对立及其所引发的生态危机的恶果之后，从沉沦中觉醒，重新思考自然自身具有的独特价值，并以西方一向主张的科学认知方式，将属于自然科学范围的“生态内涵”引向社会、价值领域，展开对人与自然的关系的哲学思考与伦理追问，继而又在其影响下诞生的生态运动和自然审美实践中，对传统的自然审美观进行理性的反思与重建。在环境美学、生态存在论美学对其进行现代性消解与转化之后，西方社会终于建立起一种生态整体的全新审美标准，来对自然美、人与自然审美关系进行崭新的解读与思考：在对自然美给予了充分的肯定之后，以包括自然、人类社会以及所有人类文化创造物在内的整个世界作为审美对象，最终寻求人与自然的和谐共生，呼唤“人与自然共存共融的生态整体美。

可以说，西方现代自然美学观的反思与觉醒既是对工业文明及其理性规训的一种祛魅，又是对人类自身在环境危机状态下精神与肉体的双重异化所实行的一种现实救赎和心灵返乡。人终究需要回归于自然母亲的怀抱，享受自然给予我们肉体的安顿与心灵的慰藉，找回本真的自我，这既是人类内心的终极期待，也是给城市景观作为人与自然相互交往与理解的理想范型所提出的最高却也是最有意义和价值的审美标准和美学追求。

第四节　城市公共景观的分类

一、按营造方式分

自然景观包括风景区、保护区和保留区三部分。

人工景观包括广场空间环境、街道环境、公园环境和居住小区环境四部分。其中，广场空间景观包括纪念性广场、商业广场、交通广场等，街道景观包括各种道路、步行街等，公园景观包括综合性公园、儿童公园、动植物园、游乐公园、街头绿地等，居住小区景观包括居住区公共绿地、住宅区庭院、街坊庭院绿地、宅边绿地等。

二、按功能类型分

集散型城市公共景观具有集会、观光、留影、休息等功能。

商业型城市公共景观具有商业、休憩等功能。

交通型城市公共景观具有步行、车行、停车、货运等功能。

休憩型城市公共景观具有休息、散步、观景等功能。

一般来讲，一个城市公共景观基本以一种使用功能为主，但也可以有多种使用功能混合。设计中需要根据各种不同性质的活动要求进行设计处理，以保证城市公共景观使用的安全与舒适。

第二章　现代城市美与审美阐释

在地球这颗蓝色的星球上，自城市出现以来，城市就以它特有的魅力源源不断地吸引着人们从四面八方汇聚其中。城市之所以有如此魅力，不单是因为城市中更方便的生活，也是因为城市所拥有的“城市的美”。本章分为城市与场所、城市美的本质与特征、城市美的类型与艺术范式、城市景观的审美模式四部分。主要内容包括城市与场所的概念、城市中的场所、城市场所的理念价值、城市美的本源、城市美的本质、城市美的特征、城市美的类型、城市美的艺术范式、城市景观的审美模式等方面。

第一节　城市与场所

一、城市与场所的概念

（一）城市

《辞源》一书中，城市被解释为人口密集、工商业发达的地方。城市是社会生产力发展到一定阶段的产物。在原始社会，人们聚集先形成了部落，随着部落的增加，几个部落融合到了一起，这便是城市的雏形。随着社会生产力的发展，越来越多的部落融合在一起，他们逐渐学会了交易，他们学会以物易物以后，再不用家家户户都进行农业生产，他们开始组织管理部落，就这样一步一步地形成了整个地域的经济、政治和文化生活的中心，也就是城市。中国现代城市的发展起步较晚。随着改革开放的不断深入，我国现代城市的发展十分迅猛，城市规模急剧扩张，城市化水平大大提高。

（二）场所

1. 场所的概念

（1）场所与人类需求

场所是人们生活的地方，与人类的生存及其意义密切相关，对场所的理解涉及人类的需要。关于人类的需要，许多心理学家和行为学家提出了理论模型，其中美国人本主义心理学家马斯洛（Abraham Maslow）的模型最具影响力，马斯洛把人类的需求，从低级到高级，分为相互交织的五个层次，即生理的需求、安全的需求、归属与爱的需求、受尊敬的需求和自我实现的需求。

人们为了生存和发展产生这样或那样的行为，这些因需求产生的特定行为活动与特定的场所发生关联。场所满足了人们的基本需求，也支持了个人的发展和社会关系的建立，场所提供了个人和集体创造、维护与世界之间关系的机会，人们通过场所交流知识、获得安全感。

（2）场所与空间

从物质层面上看，人们生活的世界是一个三维空间，空间的概念遍及人们日常生活的经验中，因为世上所有的事物都存在于空间中，场所也与之紧密联系。在建筑学的传统中，空间一直被认为是建筑最本质的要素，许多经典的西方著作都强调了这一观点，如意大利建筑师赛维（Bruno Zevi）的《建筑空间论——如何品评建筑》将建筑定义为“空间的艺术”。

但是，空间并不等同于场所，空间仅仅提供了人们实现各种需求的机会，只有当它从社会文化、历史事件、人的活动和特定的地域条件中获得意义时才能被称为场所，也就是说，场所是有意义的空间。

（3）场所的释义

20世纪60年代以后，场所的概念成为多个学术领域关注的研究课题之一，地理学家、人类学家、社会学家、环境心理学家、建筑师、艺术家等从不同的角度和视点来阐释场所的本质，许多术语被用来界定场所的概念，例如高夫曼（Erving Goffman）用“地域”（Regions）、吉登斯（Anthony Giddens）谈及“地点”（Locales）、戴伯格用景观和节点（Andreas Dieberger）来阐释场所的本质，本尼杰（Tony Banerjee）强调文化和社会的特殊性影响场所的形成。这些论述表明场所可以有多种方式对其定义，不同学科领域有其不同的切入点。环境行为学家认为场所与人类的行为与文化预期有关，场所是经过人们评估后的空间；经济地理学家主要将场所看作经济交换的地点；人类学家和心理学家寻求理解场所的建构，以及场所作为文化、可识别中心的角色，并将场所的范畴扩展至非实体、非空间方面，如社区；建筑师、城市设计师、规划师和人文地理学家关注的焦点是场所感或人们对场所的依附感。在建筑领域中，对场所的研究以挪威建筑历史和理论学家舒尔茨（Norberg Schulz）为代表，加拿大多伦多大学人文地理学教授雷尔夫（Edward Relph）、美籍华裔地理学家段义孚也做出了重要贡献，他们的研究都受到现象学的影响，强调人们的主观经验与对真实世界的解释，追求表象背后的深层意义。舒尔茨从海德格尔的“定居”概念出发，提出了“存在空间”的理论，认为“存在空间”总是体现为“场所”，在他看来，场所的本质在于能使人们在世界中定居，并从中深刻而广泛地体验自身和世界的意义。从建筑的角度看，场所不仅仅是一个抽象的区位而已，而是包括实体的特性、形状、质感、颜色等具体事物，以及相关的文化事件共同组成的一个整体，场所以具体的建筑形式和结构，丰富了人们的生活和经历，以明确而积极的方式将人们与世界联系在一起。

2. 场所的认同

场所提供了人们分享经验的基础，每一个体都需要表达对集体和场所的归属感和个人的可识别感，场所的概念强调这种对场所的归属感和情感联系的重要性，它可以理解为“生根”（Rootedness）和对一个特别地方有意识的认同感，“生根”涉及通常意义上对场所的无意识的感受，美国城市美学艾拉非（Mahyar Arefi）指出“这是人与场所最自然、最质朴、最直接的联系”。拉尔夫认为，这意味着拥有一个看待世界的安全点，一种对自己在事物秩序中的位置的牢固把握，一种对某个特殊地方的富有意义的精神和心理联系。

场所感的产生必须要经过由简单的认知，到识别不同的场所，再到与场所建立深刻的联系的一系列复杂的过程，具体来说，当人置身于空间之中，必须要先能认识场所，辨别自己所处的环境，以及在环境中认同自己，要达到这个目的需具备两种相关能力，即方向感（Orientation）和认同感（Identification），这两种能力使人们知道身处何处，与自己和某个场所的关系如何。对此，舒尔茨用场所结构的概念进行了系统的阐释，他认为场所的结构包括“空间”与“特征”两部分，“空间”暗示场所是一个三维组织，其作用是“定向”，使人们知道自己身处何方；“特征”是任何场所中最丰富的特质，是一个复杂的整体，其作用是“认同”，使人们知道是否处于一个自己心目中的场所。定向与认同是相互联系的，与定向相比，认同具有更为重要的意义，是人们定居的先决条件。定向并不一定和认同有关，但认同则表明定向已经完成，是一种对环境的深层认识，它使人产生归属感，即产生强烈而明确地属于某一地方的感觉。

二、城市中的场所

建筑是人类创造空间获得的场所，场所是与空间密切联系的概念，由于空间具有多层次性，场所也相应地具有了多层次性。美国建筑学家查马耶夫和亚历山大在《社区与私密性》中将场所划分为六个层次，即都市（公共空间）、都市（半公共空间）、团体（私有空间）、团体（公共空间）、家庭（半公共空间）、个人（私密空间）。舒尔茨在《存在·空间·建筑》中将存在的空间划分为以下层次：地理、景观、城市、住宅、用具。

从以上学者的分类来看，空间的划分是具有层次特点的，因而我们也可以将由建筑与空间建构的场所解析成下面的几个层次。

（一）场地——微观场所

任何建筑都是与特定的地点相联系的，建筑在与场地的结合过程中，都不可避免地要对建筑物周边的有利因素加以利用或放大，对不足的方面加以弥补和修正，对场地的自然和人文因素做出反应。同时建筑物建成后，与它直接相关的外部环境和内部环境成为建筑与人发生关系的媒介。人们在建筑的外部环境和内部环境中生活，可以感受轮廓、尺度、色彩、肌理等建筑要素以及建筑物周边的空气、阳光等自然要素，对环境的感受真实而贴切。

（二）场景——中观场所

建筑是城市的补白，建筑师在被限定的环境骨架中去创造新的环境。中观场所关注的就是新环境的产生，而这些新环境往往是建立于旧环境之上的，只有当建筑同城市空间骨架互相结合起来，成为城市的一个有机片段时，城市才能达到最佳状态。

场景还是城市环境气氛的具体表现。城市是生活场景的综合体，生活场景的多样性决定城市具有不同的城市气氛。商业区往往体现出繁华喧闹，商务区往往体现出简洁效率，文化行政区多为庄严典雅，生活区则处处宁静安详。城市一定区域内的氛围是城市作为整体体现出来的特有品质，如果说城市是一部宏大的戏剧的话，那么这些在一定区域范围内的城市场景则是其中的一幕幕独幕剧，正是不同特质的城市场景交织在一起才使得我们的城市丰富多彩。而出现在其中的建筑，当然是这些乐章中的音符，因而维持城市场景的统一和和谐，自然是建筑不可回避的责任。

中观场所是从更为广泛的视角来看待建筑，它与我们一般意义上理解的城市景观有一定的关联，可以理解为城市与人的互动模式。

（三）地域——宏观场所

城市是文化的产物，城市场所则是城市文化的产物。一个城市与其他城市的区别还在于城市文化和城市历史的差别。城市作为人类聚居之地，反映了人类本身的社会关系，不同的城市人群具有不同的生活方式和思维方式，因而也使得每个城市的历史延续和文化传承体现出不同的面貌，创造出不同于其他城市的地区文化。

宏观场所关注建筑空间与生成的文化背景之间的关联和关系。新的物质空间对传统文明是继承还是挑战，是戏谑还是遗传，好像是每个建筑都要面临的问题，因而它是我们考量建筑与环境关系的一个重要的层面。

从上面的意义上来看，宏观场所表现为文化与人的互动模式。

三、城市场所的理念价值

（一）对现代主义城市的反思

现代主义是兴起于19世纪末和20世纪初的一个文化运动，目的在于摆脱传统的束缚，创造一个全新的世界。现代主义者基于对工业革命城市问题的反思，认为不要在传统的城市框架内改造现有的城市，而是要创造一种全新的人类生活模式。这就是现代主义城市。现代主义发明了三种新模式，即霍华德的“花园城市”、柯布西埃的“光芒城市”和赖特的“广亩城市”。

其中，柯布西埃的“光芒城市”对二战以后的城市影响最大，国际现代建筑协会（CIAM）的《雅典宪章》进一步明确了“光芒城市”的主要内容。“光芒城市”在世界范围内成为通用的城市模型。现代主义城市的特征主要体现在五个方面：现代主义的大花园、行列式的板楼、现代主义的超级街区、宽阔的街道和现代主义的功能分区。

现代主义城市在本质上就是要颠覆传统城市场所观念构架理想中的城市空间。现代主义的大花园就是要取代传统城市的街道和广场，行列式的板楼就是要代替传统的街道建筑，现代主义的超级街区就是为了取代传统的小街区，宽阔的街道是为了比传统城市的小街道更好地适应汽车的行驶，现代主义的功能分区就是为了消灭功能混合的传统城市。

现象主义学者通过对历史上传统城市建筑空间的研究，鼓吹蕴含在传统城市空间中的“场所精神”，反对现代主义清晰理性的城市观念，反对现代主义建筑机械的复制。

在20世纪60年代，以雅各布斯为代表的城市学家对现代主义城市进行了猛烈的抨击，雅各布斯认为好的城市应具有以下特点：人口和城市活动的高密度；混合的土地使用；小尺度步行友善的街区；街道与新建筑混合。雅各布斯的学说广泛地影响了后来的城市规划与设计的价值取向，她的很多主张是与场所理论相同的。

（二）对多元化城市特色的追求

在全球化利益席卷全球的今天，人们日益发现个性的价值，每个城市都在追求自己独特的定位，纽约被称为金融之都，巴黎被视作时尚之都，维也纳则是世界爱乐者心目中的朝圣之地，如此等等，不一而足。独特的城市地位必须有独一无二的城市环境相匹配，但是城市特色的形成与诸多的因素有关，其中包括自然因素、人工因素、历史因素、文化因素、社会生活因素等，这些因素交织在一起，在时间和空间中沉淀下来，逐渐成为城市的特质。城市的特色只能通过培养，而无法被凭空的设计，它只能在城市的建设和发展过程中逐渐被人们体会和揭示出来，并加以引导和强化。城市特色更多地体现在文化的民族性和地方性上面，这些价值观念与场所理论也是相一致的。

第二节　城市美的本质与特征

一、城市美的本源

对于美学的本源而言，一个城市的美不仅仅是其表面所呈现出来的景观，更有其他方面的比如说一个城市的独特性，包含在其中的文化特色和景色的魅力。人们追求美、向往美，不仅是一种精神上的追求，而且也是一种生存的需要。在城市中生活，感受城市的美，除了表达为了更好地活着，也是对美好生活的无限追求。

从城市美的功能和记忆的两种轨迹中，可以衍生出城市美的本源。首先，从城市功能方面来看，城市是人们生活所需要的港湾。在生活中，人们不仅可以工作，而且还有更好的机会去谋求生活，与农村相比，也会有更加丰富的资源。不管是科学技术的发展还是医疗事业方面的发展都处在社会资源的集中区域，这说明城市的机遇更多，发展也会更好。即使是在城市中拿着一份不起眼的收入，但倘若可以逐渐达成自己的期望，那么城市便发挥了其重要的功能。

城市作为人类生活和实践的历史沉淀，是有其存在的必要的。人类从原始社会起源时的茹毛饮血到如今可以利用智能技术来对这个世界进行操控，这些都是历史进展中不断积淀下来的文化和生存的意识。人与自然的发展，很大程度上都是建立在和谐协调发展的基础上的。植物、语言等都是历史积淀下来的珍贵礼物，也是一份窥见记忆的方法。例如，语言的魅力，从甲骨文到如今的简体楷字，每一个字背后的含义，都代表着深刻的一段历史回忆，形成了独特的城市历史文化。

每一种生物都是有生命的，人类在社会和自然的要求下，为了追求更好的生活质量，可以不断超越自我，最大限度地发挥自我的潜力。城市是文化的载体和人类生存的支撑点，人类在生存的过程中十分注重生产的技术和先进的思想观念，并不断更新，从而创造一个更美好的城市。

二、城市美的本质

城市美的本质是认识城市的基础。在现代理论中，人们对于美的本质的认识还比较宽泛，没有具体的概述。但也正是因为还存在这种模糊，所以人们探究城市美的真正含义才会变得更加有意义。

城市之美即意味人类城市生活的舒适与安全，城市美的本质在于满足人类在不同发展阶段的不同需求，这就要求城市建设在满足城市居民需求的同时要从人类不同层次的需求出发，满足其他如基本生存需求、精神需求等多方面的需求。

城市存在的意义是满足人的需求，人一生中的大部分时间都在城市中度过，人们在城市中工作、学习、养育后代，在这一过程中人类不断加深自己与社会、与他人的关系，这正是体现了人的本质即了解认识社会，接受人生的不可控性。从这个角度看待城市之美的核心意义，就是满足人的有关需求，在满足人类需求的过程中，也分为很多个层次。

第一，城市美的本质是满足人类的生物性。这是人类生存的需要，也是城市的根。城市最基本的功能就是满足人的社会生理需求，也就是说，城市只有满足了基本的社会需求之后，才能具备城市的本质美，也是最为基础的美。

城市发展应该是一个可持续的过程，早期发展以牺牲自然为代价，后期科学技术进步，人类意识到保护自然环境与促进人类自身发展的重要联系，开始追求人与自然的和谐共存。另外，人和自然的和谐发展永远是城市美理论的核心要点，只有实现了人和自然的和谐相处，城市才能焕发出原本的成熟魅力。

因此，自然和谐是城市美的基本要求。无论是资源的利用还是社会人的成长都离不开自然这个大环境，在自然和社会良好发展的基础下，人们可以进行一系列的自然活动，如利用自然资源进行发电等。

第二，城市美是人类社会活动的展现。例如，在社会中，人们常常将人分为社会人和非社会人。一般来讲，社会人就是身处社会中摸爬打滚的人。而非社会人通俗意义上来讲是指不深入社会或者是动物等其他的物种。相比之下，人的社会人属性赋予了人更多的可能性。所以，在城市中，人的社会人属性很重要，是一个城市充满活力的象征。此外，活力还需要人类活动的引导和刺激。例如熬夜加班的上班族，还有在外不断奔波的工人、学生等都是构成魅力城市的团体，形成了城市独特的美。

人类对城市之美的追求通过人的精神需要体现，人在物质基础得到满足后，就会开始寻求新的精神价值追求，这可以是身心上的愉悦感，也可以是自我价值的实现。人类的追求大多数为精神的追求，而精神的满足也是通过社会人和在社会中的活动来实现的。人作为群居动物，在社会互动中寻求自我满足感，如完成工作后被领导肯定、家人的关心爱护、与朋友放松聊天等，这些都是人无法以单独个体的角色获得的。人需要不断通过他人的肯定和自我的满足来达到自己所需要的社会价值。

人类对未知事物的追求是永无止境的，人渴望了解一切未知之物，满足自身的好奇心，如今不断发展的科学技术，就是最直接的证明。很多自我实现的表达是在社会中活动所体现的，一些赫赫有名的世界性建筑如埃菲尔铁塔的设计，就是人类智慧结晶的一种展现，而不仅仅是生物和社会的精神、生存的满足。城市是表达这种追求的最好的地方。所谓超越的必然性，是指人类发展的进步性，人类社会始终处于不断进步发展之中，人们渴望更舒适便捷的生活环境、渴望更加符合自身需要的基础设施、渴望更长的寿命和更杰出的成就，这使得人类社会不断超越历史，创造出一个又一个的奇迹。城市的形式和能力的追求和表达是必要的。城市的心灵超越了必然性，真理的实现无疑是城市的最高表现。正如城市之美对人性光辉的赞美，城市美的本质意义在于对人的关怀。

三、城市美的特征

（一）城市美是全美

1. 城市因何全美

（1）凝固了人类先进的科技文化

城市凝固了人类历史上曾经的科技文化，是人类书籍、语言等媒介之外的实体承载的记忆。人们总是在城市的建造中体现先进科技文化，也总是在城市中发明、创造、培育先进科技文化。城市为人所造，是为人服务的，从这个角度来看，城市无不美。不少城市废墟成了观光地，人们热衷于游览吴哥窟、雅典卫城、庞贝古城等遗存，这些都体现了城市文明的感染力。

（2）城市自我修复

城市既是一个活的生命体，又是一个智慧体，它是人类智慧的集中，所以城市具有很强的自我修复能力。城市美总是向更美趋近，否定城市全美的观点，其实就是否定城市发展，也就是否定人类本身。不少学者是反对城市的，将城市看成洪水猛兽，对城市有用的科技力量感到害怕，甚至认为城市与自然是不可调和的关系。这其实是静止片面地看问题。

毋庸置疑的是，城市环境有不如人意的地方，会对人们造成伤害。但正基于此，人们才为适应新的生产力，不断改变城市建造的理念。

2. 全美的形式

（1）日常美与超越美并存

城市本来不是传统意义上的审美对象，传统的审美对象需要能分离地进行审美静观才行，毫无疑问，城市这个庞大的范围是很难的。随着日常生活以及环境等进入审美领域，城市美才有可能。但其实日常生活美是城市美的主体，但超越美却是城市美实践的方向。“日常生活审美化”是英国社会学家迈克•费瑟斯通提出来的，比较系统的著作有他 1991 年出版的《消费文化和后现代主义》，以及德国后现代哲学家沃尔夫冈•韦尔施在 1998 年出版的《重构美学》。“日常生活审美化”使得艺术作品走下神坛，造成高雅艺术的没落，使艺术与日常生活之间不再有界线。

（2）美与丑并存

“水至清则无鱼，人至察则无徒”，城市丑是客观存在的。对同一个城市来说，城市丑是城市美存在的根本，没有城市丑也就没有城市美，两者互为依存。对不同的城市来说，城市不存在丑，只存在美度的多少，即美的程度的高低。

（二）城市美是整体美

1. 维度

城市美是多维度的整体美。依据城市美的本质，城市美具有生物、社会、精神多个维度。人对城市的感知，是整体的，所以尽管维度美客观存在，但并不需要分开讨论。比如，玫瑰花美，如果将花分解为颜色、触觉、形状，并不利于对玫瑰花美的认知。玫瑰的红色与红布的红两者在感觉上是不一样的。城市美的各维度之间也很难区分，但觉得一个城市美的时候，按“精神美占了多少、社会美又占了多少”去分析，这显然是貌似科学，其实是更不科学的做法。

2. 要素

城市美是多要素的整体美。城市美在构成上少数以单要素为主，比如雕塑、建筑；但更多的是要素组成的整体，不可分离，比如街区、天际轮廓线等。城市美的构成要素分为可视的与不可视的，可视的如建筑、树木、云彩、水面等，不可视的如气味、声音等。从对城市美的本质的解读中可以看出，城市美是以城市这个物质实体作为载体的，城市的构成要素就是城市美的语言。

第三节　城市美的类型与艺术范式

一、城市美的类型

城市环境不断随着人类的需要在进化和完善，而城市美的类型也是千变万化的，所以说，人类的需求决定城市美的类型。

（一）人文之美

现代社会的发展以科技为主要推动力，工业时代人们追求精致的利己主义，而忽视了最纯真、朴素的人文主义情怀。这使人文主义的审美在现代城市建设中愈发重要。城市发展以人为核心，倡导人文之美这一观点提出已久。随着城市的发展，人文之美的复兴可以帮助解决诸多社会问题，提倡均衡、和谐的生活。在现代城市中，人口膨胀严重，城乡差异巨大，这给城市发展带来了诸如交通拥堵、房价居高不下等问题，这使得现代城市的发展不再局限于一味地追求规模和外延的扩张，而是开始以人文主义的角度出发建设适合人类居住的城市，处理好城市发展过程中人与社会、自然以及人类本身的关系。所以，美即和谐，要创造城市之美需要处理好人与社会、自然之间的关系。

城市是人类生存和发展的一种方式。现代城市飞速发展，城市日益庞大，这虽代表着人类城市文明的发展，但也带来了许多城市问题，例如，环境污染严重、住房紧张、水资源紧缺等，这些问题不但对人类自身的发展不利，而且对生态环境也造成了严重的破坏。面对城市扩展带来的这些社会、环境问题，人类正在积极寻求解决方法。

城市文明进步在带动经济发展的同时，也在推动公民意识的发展，让社会公民自觉维护公平正义。然而，人际关系冷漠、人与人之间产生信任危机、日常出行交通拥堵、城市规划混乱以及富人和穷人之间的差距等，都是掩藏在现代城市光鲜亮丽表面下的种种社会问题。许多矛盾集中在人与社会的不和谐方面。创建具有人文关怀的城市，以人的需求出发，解决人与社会的矛盾无疑是一个有效的方法。在人与自然的关系中，二者在一开始就是对立的，人类社会要获得发展必然会破坏自然环境。但在人类社会发展到一定阶段后，其发展不应再以牺牲自然环境为代价，而应平衡社会发展与环境保护二者的关系。人类生活的环境非常紧张，而有序的生活方式阻碍了个人独立的追求。人文之美这一观念，更加注重人与自然的关系，要求人在自我价值得到实现的同时，更要享受生活，追求个性。

（二）空间之美

空间是城市的总体，需要对其做合理的整体性规划。平遥古城、丽江古城、古都西安等都是城市空间规划比较和谐的代表城市。青岛、大连等是基于外来文化进行整体规划的年轻城市，其空间是灵活的。然而，虽然中国还有更多的城市已经建成，但它们并没有做出完美的城市立体画卷，其城市布局单一，未结合城市的具体情况规划城市发展建设。城市的空间概念仍在功利层面上，城市空间孤立、凌乱甚至不完整，城市空间的艺术美感更是无从谈起。人类城市文明的一个具体表现就是城市空间布局的合理性，这既关乎城市居民的日常生活，也涉及城市的整体形象。

城市建筑是构成城市乐章的音符。很明显，那些不伦不类的相对完美的建筑，由于缺少回声，显得与周围环境格格不入，不断打乱原本和谐的乐章。

美的城市不仅要让人们从宏观中感受到它的美，而且要让人们从微观的角度看它也是舒适的、方便的。城市空间规划不仅是许多高楼大厦、沥青马路与各种建筑的简单组合，还应该是一种着眼于全局的规划，大到一条交通主干道的走向，小到一座建筑的风格，在规划时不仅要注意各种相关因素之间的优化组合，还应注意反映当地的传统历史文化和民俗、风情。

（三）个性之美

个性是一种共性，它在城市中具有鲜明的文化和形象特征。个性是每个城市的核心灵魂，它使一座城市有别于另一座城市，集合了无数代城市居民的生活习惯，包含着人间百味等多种多样的内容和形式。城市是人类经济、政治文明发展到一定阶段的产物，城市居民在城市中形成的各种各样的社会关系，构成了独特的城市文化。历史文化名城会有更加独特的区域特征，例如，长沙有老街，北京有胡同，大理有白族民居。丰富的历史文化组成了城市独特的灵魂，给城市中的建筑赋予了不一样的人文意义，人们在看到一座建筑时看到的不只是这座建筑本身，更是它见证的人和事，追古怀昔，感慨人事变迁。所以，城市的个性之美具有难以替代的特征。然而，许多中国城市虽发展快速，却毫无特点。

现在我们还能在艺术剧院中了解老北京的茶馆精神。但不久之后，我们大概只能在微型花园中观赏了。这种担心不是杞人忧天，在城市现代化进程不断加快的今天，那些带着浓重历史背景的景物一直在不断消失。庆幸的是，现在我们已经意识到这一点，因此在促进全国城市现代化的同时，旧城改造的规模也很大，我们一直在思考如何学习国外先进文化，保持城市的根。例如，长沙市制定了对历史古迹、名人故居、杰出历史街区的保护与更新措施，这既是在保护传统历史遗迹，也是在维护城市的独特性，保护一座城市的独有气息不被工业化的浪潮所淹没。

二、城市美的艺术范式

城市美的艺术范式来源于传统的自然审美鉴赏理论。传统的自然鉴赏理论包括体验和欣赏两部分，人在鉴赏艺术作品时需以看待自然的眼光来看待它。如卡尔松所言，自然鉴赏理论最初来自现代审美学，该观点强调审美要回归事物本身，避免用功利性眼光看待艺术作品，这使得自然鉴赏理论更加关注事物的本身。

因此，在此基础上来看，城市美的艺术范式不仅包括自然模式，还包括参与模式。

（一）城市美的自然模式

自然模式强调以对象为中心，要求放下对科技力量的追求，回到最朴素的社会环境之中，尊重自然、爱护自然。其具体体现为两方面的内容：一是自然模式更关注它的对象，而非以人为本，自然模式避免了在环境中人类中心主义的主体化和它所带来的审美欣赏；二是要摆脱长久以来科学文化知识对我们审美的束缚，并建立起了两个客观的自然环境审美原则。首先，要接受“自然就是自然本身”，不要以人的眼光给它强加上各种“价值”，其次，要明确自然环境是造物主给人类的馈赠，人对其的欣赏应出自感恩，而非有利可图。审美的基础是自然科学的一般知识，奠定了以客观主义立场来审美本质环境的基础，使得自然审美更加具有客观性和普遍性。

自然模式关注科学文化在审美中的意义，主张客观地看待事物之美，推翻了康德“无利害”的审美体验模式。

一方面，自然审美以科学的眼光看待事物之美，打破了传统艺术审美仅从人的主观体验研究美学的方式，自然审美试图用科学知识详细解释一个事物美的原因，而不是片面从人的主观感受出发。

另一方面，自然环境作为审美的一个有机整体，在自然模式中得到了强调。从整体研究自然环境的美，一是可以拓宽审美体验的范畴，二是可以更好地将科学文化知识用于实践。

（二）城市美的参与模式

“城市”被视为一个整体，城市美的发展并不全面，它并不属于审美文化的范畴，也跟城市美学的发展不一样。所以说参与模式不是一个静态的、理性的物理对象和一个精神实体，而是一个动态的、三维的、多层次的感性经验的连续统一体。参与模式遵循环境的整体概念及其在审美经验中的有机地位，从而进一步论述城市美的观点。

现代审美理论认为要达到“美”，至少要具备两个要求：一是审美的主体要与审美对象相分离，二者无利害关系；二是审美主体与审美对象之间要有一定的距离。在审美领域之中，这种观点具体来自西方主客二分的二元论哲学。“大多数从18世纪至今的西方艺术哲学家将无利害性和由其派生的相关概念群——分离、静观、自主性、不可传递性、非人性化和精神距离——作为美学的信条。”而在景观中生活就如同时刻体会环境美。在接受康德美学的图式概念之时，现代美学成就便表现出两个不同的特征。一方面，美学学科使艺术自身获得了独立身份和独特的文化地位，但是在另一方面，人类文化生活也因为美学学科远离了艺术。

在传统美学的核心观念之中，艺术要求一种特殊的思维模式，即非功利的静观，以此来达到自供自销自给自足，因此，艺术被看作一种特立独行的文化制度。为了达到能够被恰如其分地欣赏的目的，艺术对象的欣赏者应当被给予孤立于文化语境之外的环境，要保持一种无功利性的静观，将欣赏活动和其他实践的目的分开。所以说，艺术的反思带有功利性。这种审美模式对审美主体和审美对象提出了不同的要求。对于审美对象，其必须是一个能够独立存在的个体，应具有唯一性；对于审美主体，其审美过程必须是由其知识体系和主观体验综合时的思维过程。同时这种模式还对审美活动所处的环境提出要求，其目的是保持一定的距离，例如，在家中看电影和在电影院看电影时获得的观影体验是不同的。另外，审美对象应该有在时间、空间或是某种物质上与其他事物有所区别的需要，这既是在确保审美对象的独立性也是为审美活动增强意识感。

总之，参与模式在探索发觉身体意识的基础上，不仅重新诠释了现代审美方式，还进一步说明了艺术审美与环境发展的统一结构，所以说，我们需要不断发展城市美。

第四节　城市景观的审美模式和评价

一、城市景观的审美模式

（一）美感

人类的审美活动包括审美者与被审美对象两个方面。所谓美感也就是审美者对客观存在的审美对象的心理感受。现实中，人们的体验方式会有所差异。例如，艺术家在观察事物时，色彩和形式的印象影响着他们的审美体验，而其他人的观察也许关注的就是其功能和实用性。在思维方式的影响下，人们对美的理解具有理性和实验性两方面的倾向，从而增加了研究对象的复杂性。总而言之，美感存在于日常生活中，它属于每个置身其中的普通人。

（二）人的欲望与环境美学

1. 求善

对景观本身来说，善是对环境变化进行生态控制，它关系到人类的健康和环境基本要素的质量。肥沃的土壤、清洁的水源和空气，这些是人类得以生存的最基本保障。景观尤其是人造景观影响着居民的生活质量。对“善”的追求是一个从生存到发展的前提保障。

2. 求真

对环境的实质性认识，首先是生存的优先权。生命需要空间、空气、水和食物。然而，作为文明的人类，我们还被赋予了个性的系统，我们会对环境有确切的真实的认识。在许多古代文明中，地域和景观被赋予了灵魂或者精神，即使在现代，景观的意义也是设计中要考虑的一个重要内容，设计者将自己的设计看成对环境和社会在心灵上的拯救。所以求真就是为认识、交流和识别寻找参照系的过程。

3. 求美

一旦人们拥有了自己的场所，就开始试图找到其中值得赞美的内容。对景观而言，它们最终通过实物表达出来。其中必然涉及过去的经历、教育、文化传统以及私人生活。

二、城市景观的审美评价

总体上，城市景观审美评价的途径有两条：第一条途径是研究人对景观的“客观”反映，从而理解人与景观之间的关系，这一途径来源于景观艺术美学和环境心理学；第二条途径是重新审视人类景观观念的变迁以期发现人们欣赏和处理景观的原因及方法，这一途径通常以哲学和历史文化为基础。前者从“脚”到“头”，即从景观体验到审美理论；后者则从“头”到“脚”，即从观念到实践。这两者都是回答一个基本问题：人怎样感受和设计景观？另外，在现阶段，景观审美的评价又常常同生态评价相结合，生态评价标准为景观资源的合理利用和景观的最优化设计提供了科学的依据，使景观系统具有最大的审美功能。

（一）视觉审美

在现代设计中，艺术与技术联手，审美渗入科学，装饰性与实用性相统一，按美的规律造型与满足现实生活需求相结合。景观艺术造型必须先强调整体性，综合形体、构成、肌理、色彩等手段鲜明而强力地表达合理的创意，再通过对空间进行结构组织和符号化处理，使景观表现出相应的内涵，给人以不同氛围、情趣的审美愉悦。

（二）生态美学原则

将生态设计的观念引入城市景观设计中，为其提供一种新的设计模式，是人类开始正视自身生存状态的良好开端。如何协调好自然与文化、人工环境与原生环境、人类审美标准与生态功能的关系，让人们重新感知、体验和关怀自然过程和进行自然设计是现代城市景观设计需要重点考虑的内容。在设计过程中，应将对自然环境的破坏程度降到最低，要尊重生物的多样性，同时还应改善人居环境，以期创造一种可持续景观模式。

第三章　城市公共景观设计的原理和流程

城市公共景观设计是关于景观的分析、规划布局、改造、设计、管理、保护和恢复的科学和艺术。公共景观设计的对象一般是指城市的特定公共空间，包括居住区、广场、商业步行街区、公园和自然风景等特定的空间形态。这些空间不但给城市居民提供了娱乐休闲的场所，也是交通、休憩、文化教育等多种职能的载体。本章分为城市公共景观设计的原理和城市公共景观设计的流程两部分，主要内容包括影响城市公共景观设计的基本因素、城市公共景观设计应遵循的规律、分析资料数据、确定设计目标等方面。

第一节　城市公共景观设计的原理

一、影响城市公共景观设计的基本因素

（一）大众行为心理

任何景观环境都是基于使用者而设计的，都是为满足其需求而存在的。因此，设计师必须了解人们的生活和行为模式规律，这样才能使设计真正能够满足公众的行为和情感，即必须实现其为人服务这一基本目的的真实需求。城市公共空间景观设计从根本上讲应该是人性化的，包括人的行为模式、人与环境的互动、人的心理需求等才是景观设计的重点，因此，城市公共空间景观设计的根本出发点是人们的空间活动规律及情感需求。城市公共空间的景观设计，在很大程度上关系着公众对公共活动的需求度，同时景观设计的成败、水平的高低也对其受关注的程度具有一定影响。

（二）大众审美心理

随着社会的发展，城市化快速推进，人们对生活品质的要求不再满足于对物质生活的单一方面的追求，而是转嫁于对精神生活的更高层次的需求。因此，

要满足大众的这一需求，就不能忽视大众对景观环境的发掘与体验，而不仅仅是让大众局限于现实存有的生活环境景观。以国人的观赏感官和生活习惯为出发点，大众的心理感官随着时空的转变存在并发挥着相应作用。也就是说大众时刻感受着和反映着外部空间景观的变化和状态，把产生的结果及时反馈到外部空间的产物之中，以此来达到与空间环境融合互动的目的。人们在情感力量比较平静缓和时，心理感官对此挖掘出来的表象一般是微风、月光、花前柳下等，而在情感激荡、心潮澎湃时，心理环境一般表现为山峦、植物和广阔的大海等。

究其原因可知，空间景观环境存在着一定的线性美、动态美和静态美，还存在着一种可以影响人的心理感知和情绪波动的景观环境要素，即城市公共空间。在景观的创造与欣赏过程中，不可或缺的就是人的心理反应，它时刻伴随着人们审美心理的变化而变化。

二、城市公共景观设计应遵循的规律

（一）设计整体性规律

1. 公共空间景观设计与城市整体系统的整合

（1）空间肌理与结构的统一

传统的文化历史、价值取向、交通运输方式和经济增长方式，它们都共同体现并且潜移默化地对城市的空间肌理和空间结构造成影响，因此，在塑造城市公共景观的过程中，设计者应尊重原有城市的空间结构组织关系。

（2）社会结构的统一

城市的经济、文化、人口、历史与城市人文构成了社会结构形式的城市公共空间。

2. 公共空间景观自身的整合

街旁绿道、市政广场、绿地公园及建筑外部空间等要素，形成了各自的空间特色，扮演着不同的社会功能，共同组成了城市公共空间景观设计体系。所以，要将公共空间景观设计从整体的角度去研究分析，实现各片段、局部之间的统一联系，不可以把它们分割成片段来研究。

（二）设计功能性规律

随着当前社会城市化的不断发展，人们的观念发生了改变，生活选择方式出现了多样化。因此，复合功能开始出现在城市公共空间景观中，同时城市公共空间景观总体布局也发生了转变，即从强调功能分区到注重加强空间景观有机联系的转变。在城市景观设计和城市空间布局形态中，应从以下两个方面实现突破：一是商业综合体与步行街区环境的有机结合，这也是经济社会发展的必然选择；二是商业各个单体进行综合体的复合探索，例如空间的巧妙划分，既保证了商业空间的愉悦性，又维护了居住的宁静。所以，为实现城市公共环境空间布局形态的整体和谐，城市开放空间复合形态应从不同角度配合不同功能的需要。

第二节　城市公共景观设计的流程

一、分析资料数据

资料数据的形式有很多种，包括图纸、文本、表格等。城市公共景观设计资料的数量庞大，必须进行一定的取舍和分析。按照规划设计的目标和内容，可以在收集数据之前先制作一个资料收集表格，有针对性地进行收集，可以使工作效率得到极大提升。

二、确定设计目标

在充分分析资料数据的基础上，接下来要做的就是，明确规划设计的基本目标，并确定方针和要点。基本目标是规划设计的核心，是方案思想的集中体现。在制定目标时应与现实状况相符，同时要突出重点。规划设计方针是实现目标的根本策略和原则，是规范景观建设的指南。它的制定应服务于规划设计基本目标，简明扼要。规划设计要点是具有决定意义的设计思路，关系到方案是否成功，因此规划设计要点必须符合目标。

三、确定规划方案

在确定了基本目标后，就进入了规划方案阶段。这一阶段主要通过规划图进一步确定设施的基本位置和大小形状、出入口位置、停车场的位置与规模、道路走向和宽度、绿化树种等。规划图包括平面图、立面图、断面图。除此之外，还可以通过三维鸟瞰图、效果图、各类图表、规划文本来表达规划意图。规划方案能够基本确定空间未来的形态、材料和色彩，要不断与委托方、公众进行交流协调，反复推敲，必要时还可以制订多种候选方案。

四、进行具体设计

在确定规划方案后，接下来就进入了具体设计阶段。这一阶段的设计在一定程度上深入细化了上一阶段方案，同时也为建设施工做准备，所以通常不会在大的方向上对方案进行改动，只能在细微之处进行相应的调整。然而，也有可能在这一阶段发现方案存在重大失误，这样就需要重新进行规划。具体设计阶段包括方案的细化、建筑设施设计和施工设计三个部分，设计人员需要掌握更加详细的项目条件。

施工设计必须贯彻规划的意图，在细部的处理上要做到多样统一、独具匠心。这一阶段需要制作大量的施工图。随着工业化水平的发展，建筑材料的种类越来越多，性能也逐渐提高。不同建筑材料的质感一般不同，因此设计人员应按照其质感特征选择建筑材料，同时还要考虑使用年限、耐用程度和费用。

第四章 城市公共景观设计的原则和方法

随着经济社会的发展，人们对物质和精神层次的追求变得越来越高，传统的城市公共景观设计已经不能满足人们的审美要求。因此，需要适时地更新城市公共景观设计的方法，以此满足人们日益增长的物质与审美需求。本章分为城市公共景观设计的原则和城市公共景观设计的方法两部分，主要内容包括参与性原则、地域性原则、与自然协调原则、以城市绿化为研究对象的公共景观设计方法等方面。

第一节 城市公共景观设计的原则

一、参与性原则

参与性原则是现代城市公共空间设计的首要原则，也是城市的活力所在。参与是交互的前提，是人们获得各种体验的前提。美国著名风景园林师劳伦斯·哈普林认为："将城市空间塑造为一个个人们可实现自我创作的场所，观察研究人们在景观中对空间的感知及行为，倡导景观设计要让人们在场地中活动的同时可以拥有多种感官体验。"根据他的观点，人在空间中感知及行为体验以及实现自我是极为重要的，参与是获得体验的前提，也是城市生活活力的所在。

二、地域性原则

"地域性"一词来源于"地域主义"。"地域主义"最早出现在建筑设计领域，指的是在特定地区条件下具有地域特征的建筑风格。所谓景观的地域性，一方面指的是在特点的时间、空间内，某一地域内的景观因受其所在地域的自然条件、地域特征和历史文化等因素的特定关联而表现出来的有别于其他地域的共同特性；另一方面指的是在景观设计中表现出来的当地民俗风格，以及历史遗留下来的文化印记。由于地理地域的差异，人类社会的建筑、城市、乡镇景观都不相同，在地球的不同空间区域中出现了不同的人文景观。城市景观地域性的形成主要有四个方面的原因：一是当地的自然条件、地形地貌、水文气候；二是历史文化；三是民风民俗；四是当地材料。

自然环境不同，使不同地区的人们形成不同的生活习惯、价值观、审美观、文化风俗等。

而当地的居民也会因为要适应自己所处的地域环境而逐渐形成独特的生活习惯。这些是自然选择和社会发展共同的结果。观念和习惯形成后，便会对社会和生活产生影响，成为整个城市和区域的风气。不同的自然条件会产生不同的自然资源。不同的自然资源具有不同的地域特色，对不同的自然资源加以利用能够为城市景观的生态设计带来意想不到的效果。乡土植物对于当地的自然生态环境适应性最高，是生物多样性构成的一部分，也是当地生态环境能够稳定且持续发展的重要因素。过度引入外来物种会给当地生态系统带来不可预料的改变甚至危害，而乡土植物的使用则可以有效避免危害的产生。因此，利用乡土植物维护地域特征是设计生态化的一个重要方面，也是时代对景观设计师的要求。因地制宜不仅适用于宏观的城市景观设计，也适用于微观的城市景观设计，也就是说，在同一座城市内，不同的区域对于城市景观设计的要求可以不同。

三、与自然协调原则

城市景观在规划设计时，要严格遵循与自然发展协调一致的原则，并以此为基础，从景观的比例、空间、结构、类型和数量上进行认真研究和分析，通过规划景观的整体风格，本着和谐、统一的原则进行设计。同时，要协调人与环境之间的关系，在保护环境的前提下，努力改善人居环境使景观生态文化和美学功能整体和谐，只有综合考虑，才有可能规划布局出功能合理、富有特色的城市空间景观。景观总体设计应力求自然和谐，同时也应强调可以自由活动的连续空间和动态视觉美感，避免盲目抄袭照搬现象的发生。

第二节　城市公共景观设计的方法

一、以城市绿化为研究对象的公共景观设计方法

植物具有光合作用，可以将空气中的二氧化碳吸收并转化成氧气，而在城市碳循环系统中，人类活动及汽车尾气排放的二氧化碳占据总排放量的 80% 以上，绿色植物系统是重要的气体转换系统，它在平衡碳量循环体系中具有不可忽视的作用。对于设计方法，可以从四个方面进行讨论：

①对原有植被种类的保留：通过对现有生长质量较好的植被进行科学的管理和保护，以保证城市景观中对碳吸收能力的基本调整。

②对树木种类的优化：不同植物对碳的转化能力不同，在原有城市景观设计目标的前提下，尽量选用碳转换能力强、绿化效果更加美观的树种。

③设计适宜的群落结构：多层次植物组合的结构相较于单物种植被群落的结构对于碳的吸收和转换具有更好的效果，群落的种类组合越多，对碳循环系统的贡献越稳定。

④对垂直绿化和城市建筑屋顶绿化的培育：城市作为人口生活密集区域，土地资源相对有限，因此规划好垂直绿化和屋顶绿化不仅可以减少直接占用土地资源，而且还能为缓解城市热岛效应做出贡献。

二、以水体设计为研究对象的公共景观设计方法

水是人类生存的源泉，是自然界中重要的组成部分之一。水体景观是城市景观中的点睛之笔，是城市景观设计中不可或缺的内容。由于水体占地面积较大，城市景观中水体工程所占的比例相对较少，但它对于城市的低碳目标有不可替代的作用，是碳循环系统中的一个重要环节。与绿化不同，对城市水体景观的设计主要应从以下几个方面进行考虑。

①改善原有的不良水质。水体景观的清洁是设计的最基本条件，设计人员可以先对目前已有水体的水质情况进行研究，从治理城市污水、修复生态湖泊等多角度多领域研究优化水质的对策，然后设计水体结构和形态，实现动静相结合的方式，提高一定的水体置换能力，并加强对城市降雨的收集除污处理，减少后期的污染物输入。

②对水体岸边生物的优化，创建整体水滨区域。由于水体周边水分充足，土壤肥沃，其所生长的植物、栖息的动物也多种多样，水滨区域的植被、动物、水体共同成为城市景观的一大亮点。良好的水滨区域环境，给绿植创造了更佳的成长条件，从侧面影响了其对城市碳排放的转换能力，有效降低了城市热岛效应。

第三节　“城市双修”与“城市更新”

一、“城市双修”理念下城市更新改造的内涵

“城市双修”理念包括生态修复和城市修补两方面的内容，生态修复工作的重点在于构建人与自然环境之间的和谐共处关系，进一步完善城市的生态景观建设工作，该项内容的具体实施环节有一定的技术难度，需要综合考虑城市资源的使用状况和自然环境的破坏程度。而城市的修补工作，则更多在于城市风貌、建筑景观以及空间环境的改造与完善，其具体内容也包含着城市基础设施的改进、城市建筑物色彩的修补以及夜景照明系统的完善。

除此之外，“城市双修”的理念也进一步推动了城市的可持续发展。在生态资源修护原则的约束下，设计人员将城市规划的重点放在资源能源的有效利用以及环保型建筑材料的选择上，进而为绿色建筑的发展以及生态优先原则的实施提供了基础条件，也实现了城市经济发展与生态环境保护的一致性。

二、“城市双修”理念在城市更新改造中的应用

（一）生态修复理念的应用

1. 山体修复方面

城市规划设计人员应根据建筑物所在区域的生态环境特点和地质地貌结构，明确山体修复的方案选择。同时，在项目规范设计中，设计人员应充分发挥生态城市的建设优点，在保护原有山体植被结构的基础上，采取一定的技术手段，修复山体植被覆盖，进而显著提升城市设计中的绿色性能。为进一步落实生态修复理念，相关人员应按照项目开发区域的环境特点，并结合自然软质景观进行园林的建设。

2. 水体修复方面

城市水体修复工程应与区域内水资源的综合整治协调发展，综合考虑干支流、上下游、左右岸、湖泊水库等水体资源相互之间的关系和影响。同时应以恢复水体的自然形态为核心，选择原生植物的搭配方式，维持河流水岸的多样化。在具体的建设工作中应充分利用城市滨水岸线和风景资源，构建滨河公园和湿地公园等自然景观。

3. 绿地修复方面

城市绿地系统修复工作应以扩大城市生态空间为基础，通过拆迁建绿、破硬复绿、见缝插绿等方案，促进城市绿地的修复工作。同时，相关人员应注重提高城市绿化率，合理完善城市绿地布局，构建以绿心、绿环、绿廊为形式的城市绿地空间。在结构布局上也应注重城市绿地与区域生态环境之间的合理衔接，加强城市绿地修复的生态功能。

（二）城市修补理念的应用

在城市修补改造工程中，应做到以下三点：一是完善城市功能；二是优化城市空间环境；三是塑造城市独特的风貌。

1. 完善城市功能

应重点完善与居民生活息息相关的基础服务设施，如养老、教育、医疗、商业等服务设施，致力于实现十分钟生活圈，为人们的生活实践活动提供便利。同时也要持续推动文化、体育、医疗和养老等设施之间的有效融合，补足城市公共服务设施建设的短板。

2. 优化城市空间环境

应注重提高城市街道环境质量，完善无障碍服务设施，保障人行道和机动车道的安全性和连续性，提高城市基建质量水平。在旧城改造中，要积极开发闲置用地、城市街角，修补城市广场，满足市民多样化活动需求。同时，应鼓励商业、文化、教育等基础设施中附属绿地的开发与建设，有条件地开发绿地资源，进而为市民提供多样化的场地资源。

3. 塑造城市特色风貌

由于区域地理环境的不同，城市在发展过程中会产生不同的面貌。所以，工作人员应结合城市的区域特点，修补城市的特色风貌，进而达到优化城市空间布局的目标。在具体的工作环节中，应对历史文化遗产相对集中的文化城区、历史街区设计科学有效的保护方案，利用完善的保护措施，重点修补城市的主干街道、广场、滨水等地区，进而强化对城市立体空间结构的管理，落实城市修补理念，促进城市生态修复的合理性，完善城市整体的空间布局。总之，在“城市双修”理念下，相关工作人员应注重运用先进的技术和现代化的手段，促进城市的更新与改造。

第五章　城市各类公共景观的设计

城市化是经济社会发展的必然趋势，越来越多的人口向城市集中，而且相当大一部分人口在城市定居，扩大了城市的规模和载重量，城市的公共景观数量和设计随之迎来了新的挑战。本章分为城市广场景观设计、城市街道景观设计、城市公园绿地景观设计、城市居住区景观设计、城市滨水区景观设计、城市商务区景观设计、城市校园景观设计、城市口袋公园及街头绿地景观设计、“海绵城市”景观化设计、“城市更新”景观微环境设计十部分。主要内容包括城市广场景观概述、城市广场景观设计、城市街道景观相关概念、城市街道景观的设计要素、城市街道景观的美学法则原则、公园绿地景观的构建策略、居住区景观设计的原则、共生理论下居住区景观设计的内容与策略、城市商务区景观的功能与需求、校园建筑与景观的适配性设计、城市口袋公园的景观设计等方面。

第一节　城市广场景观设计

一、城市广场景观概述

（一）城市广场与城市广场景观

1. 城市广场

（1）城市广场的概念

城市广场是指城市中面积大而宽阔的场地，是城市建筑、道路或绿化带环绕的开放空间，是人们在城市中进行政治、经济、文化等社会活动或交通活动的空间，是大量的人流和交通聚集分散的地方，是城市公共生活的中心。广场周围布置的重要建筑物，往往能集中表现城市的艺术面貌和特点。

在广场中，人们可以聚在一起休息，也可以远离城市的喧嚣，自由活动。现代城市广场是现代城市公共空间的一部分，被喻为城市的“客厅”，是极其富有公共性与艺术魅力且最能体现现代都市文明与氛围的开放空间。城市广场具有集会、居民游览休息、商业服务、文化宣传等功能。因此，城市广场是一个极为重要的城市展示空间，也是与人交互极为频繁与实用的空间。依据广场内外各组成部分的主要功能与用途可设置服务于市民的市民广场、用于纪念历史事件或个人的纪念性广场、用于展现城市文化的文化广场、服务于城市交通的交通广场、具有商业性质的商业广场等。这些分类上的每一类广场都是相对的，实际上各类广场都或多或少地具有其他广场的某些功能。本节所研究的城市广场是相对偏于市民生活使用的广场，重点是能突出城市文化与现代生活气息的市民广场。

（2）城市广场的界面要素

广场的空间界面主要分为水平界面与垂直界面。水平界面主要以广场的铺地为主，如铺装、草地等。水平界面作为广场空间界面的主要构成要素之一，也是与人接触最多的空间界面，它起到了区分广场区域功能的作用，又具有引导行为意识的作用，是人们进行交流、体验活动的场所。垂直界面不仅是指广场两侧的建筑物和街道立面，还包括了绿化、景墙、建筑物等，它们都可以构成垂直界面。垂直界面能够较强地对广场空间起到空间限定与空间划分作用，还能在空间营造上起到不小的作用。水平界面与垂直界面的元素是设计的主要目标，也是体现设计的依附因素。

（3）城市广场的活动要素

广场能作为城市活动的发生地有一个重要的构成要素，就是城市广场的活动要素。丹麦建筑师扬·盖尔（Jan Gehl）认为人与活动在时间与空间上的集中是一切事物发展的前提，但更重要的是怎样的活动才能发展起来，光靠创造出让人们进出的空间是不够的，还要为人们在空间的活动、流动以及广泛的社会娱乐活动创造适当的条件。城市广场作为城市中聚集与开放的空间，自然而然地吸引着人们聚集，为活动的产生创造了基本条件，人的出现是活动的前提，适当的场地条件是活动产生的催化剂。什么样的活动与应该怎么产生活动需要建立在对人的分析上，人是活动的主使者也是活动的参与者。城市广场活动要素的设计需要依据人的行为需求与行为习性等空间行为活动进行分析，从而得出什么活动适合发展以及如何创造需要的活动。

2. 城市广场景观

城市广场景观主要包括硬质地面、绿化种植与设施小品三种类型的空间设计要素，其中硬质地面的研究内容有尺度、形状、层面、铺砌、台阶、图案、颜色等，绿化种植的研究内容有花圃、草坪、绿篱、树林等，设施小品的研究内容有雕塑、碑塔、廊架、景墙、喷泉、座椅、标牌、灯柱等。

地面是城市广场空间中的底层界面，广场景观按照建设手段的不同可分为硬质景观和软质景观。硬质景观是指在城市中以游憩、使用、观赏为主要功能的场所内，以道路环境、活动场所、景观设施等为主的景观。其内容包括地面铺装、坡道、台阶、栏杆、雕塑小品、电话亭、游乐场、休闲广场等，硬质景观通常运用材料的各种质感和形态，形成花纹或装饰图案，组成具有一定艺术效果的景观地面，为人们提供主要活动场地。软质景观主要采用绿化手段，满足人们亲近自然的需求。城市广场景观一般以硬质景观为主，辅以水体、绿化等。

（二）城市广场景观的环境功能

1. 引导视线与交通

城市广场景观在满足行人与运输工具通行要求的同时，还可被设计用来引导人们的视线与通行方向。这种引导功能主要通过线形和色彩的设计来实现：平行于视平线的线形强调地面的纵深感；垂直于视平线的线形强调地面的宽度；直线形的景观线条引导人们前进；无方向性或稳定性的景观线条引导人们停留；辐射状或向心式的景观引导人们关注某一特定焦点。

2. 分隔与组织空间

材料或样式的变化可以体现广场空间的边界，给人们产生不同的心理暗示，达到分隔与组织空间的效果。比如，采用不同的铺装材料来分隔两个不同功能的活动空间，或者采用同一种材料的不同样式来区分不同空间，给人们以领域感。

另外，地面高差的变化也可以分隔和组织空间，并增强场地的趣味性，常见的处理方式有台阶和坡面。在设计中，设计人员可根据空间的功能需要，结合实际的地形地貌和具体环境，把整个广场空间分隔成不同功能的单元空间，再合理组织不同的单元空间，使之成为一个整体。

二、城市广场景观设计

（一）尺度与形态设计

在城市广场景观设计的过程中，仅仅合理地解决人们的生活需求是远远不够的，环境的艺术化处理与合理的设计布局同等重要。

广场的艺术体验成为整体设计中的重要部分，广场的性质决定了它的规模尺度和设计风格，广场的规模尺度和设计风格又直接影响到地面的铺装材料、尺度形态和色彩图案。如何才能遵循视觉美学原则，体现美的广场形态，激发使用者愉悦的心理感受，这就需要我们从多个角度探寻景观艺术的审美特征。

1. 尺度设计

尺度设计的目的是满足人的生理活动和心理活动的需要，人与运输工具是城市广场景观的使用主体，因此，在进行尺度考虑时，既要考虑游人与各类运输工具运动空间的大小，也要根据实际环境的使用功能和环境风格等因素来安排不同的尺度，满足人们的心理需求。

人体工程学的统计数据显示，单人通行的宽度尺寸一般为 750 mm，双人并肩的宽度尺寸一般为 1300 mm；在相关设计手册上也可以查阅到城市广场中常用交通工具的尺寸标准，如自行车的宽度尺寸为 600 mm，三轮车为 1240 mm，游览电瓶车为 2000 mm，小型客车为 2000 mm，消防车为 2500 mm，大型客车为 2700mm。在实际的设计工作中，不仅要满足人和上述交通工具的基本运动空间，还要考虑人们的心理尺度。狭窄的空间使人感到局促和拥挤，宽敞的空间让人感到开放和空旷。不同尺度的对比，还能够让人产生或大气开放，或亲切自然的不同心理感受，宜人的尺度能够加深整体环境的表现效果。

除此之外，不同的材料质感和色彩运用也会使人产生不同的视觉尺度，合理的尺度关系应该与材料质感、色彩、图案等其他要素的运用情况相适应。

2. 形态设计

城市广场的景观平面形态，与居住区广场、街道环境、公园街道环境的地面形式有着很大的差别。这些都是城市中的公共休闲空间，但由于环境空间性质、使用状况以及人流量的不同，它们的平面形态也有着不同的特点：居住区中的公共空间具有一定的私密性，主要功能是满足人的日常出行和居住休闲，所以景观平面的形式多表现为“点”与“线”的关系；街道空间由于受到建筑布局的限制，往往是线性空间；公园与广场一样有着公共性和开放性等特征，但公园更重要的职能是美化环境、保护生态，并为人们提供自然亲切的休闲场所，因此公园景观平面的形态多表现为“面”，偶有线性的道路融在其中。由于场地性质和使用功能的不同，广场的景观平面形态丰富多样，集合了点、线、面三种基本要素，只有合理地安排广场地面的各形态要素，才能体现设计中形式美的原则。

（1）平面形态的基本要素

视觉设计中各种形态，不管是自然形态还是几何形态，都是由点、线、面等要素构成的。在构成学中，点是最小的要素单位，形态最为简洁，但它在面积上和方向上的改变，会形成各种各样的形态和图像，因而它是视觉造型设计最基础的语言。点具有强烈的张力，能够聚合和集中视线，将人们的注意力集中过来，所以，它有提示和引导视线的作用。序列的点使人感知线和方向，或安定平和，或动感节奏，或活泼随意，都可以形成一定的空间方向或空间范围。

很多的点沿着一定方向紧密排列的轨迹，形成线条。线有长度而没有宽度和厚度，线可以指示方向和位置，并形成面与面的边缘。线具有强烈的自身性格：直线具有最简洁的形态，挺拔而有力量感，又有现代感和平稳性；曲线柔美欢快，具有韵律感和抒情性；而折线表现出节奏和动感，具有紧张感和对立性。景观平面的形状也是通过构成要素中的点和线得到表现的，线比点的应用效果更强烈，有规律地排列线性地面铺装可以产生强烈的节奏感和韵律感。线条是概念的，铺装是概念的具象表现，将线条的直曲、长短、宽窄、轻重等特性分别赋予地面材料，形成景观的风格特征，能给人不同的观感。借助线条状态的转折、连续、顿挫等变化，能给人以力量、速度、连续、流畅、移动、弹力等动态感受，景观也因此而变化万千。

很多的线沿着一定方向紧密排列的轨迹，形成了面，面同时也是点的聚集。面有宽度而没有厚度，外轮廓线构成了面的形状，面是空间的基本单元，可以围合成一系列的视觉空间。“面”在景观平面设计当中的运用非常广泛，面的分布位置和面的比例关系直接影响广场整体环境的使用功效和视觉美感。面是有形态的面，面本身就是一个图案，不同的形态产生不同的心理感应。长方形和正方形的地面整齐规矩，具有稳定感；方格状的铺装面产生静止感，暗示着一个静态停留空间；三角形的地面尖锐活泼，具有动感和活力；三角形有规律地进行组合形成多边形的地面，可形成有指向性的图案，动势中又具有统一性；圆形的地面柔润优美，同心圆可以组成完美的图案，不仅具有韵律感，还具有向心性；不规则形态的地面，采用自由的形式或模仿自然纹理，具有自然、朴素感。

（2）景观形态的基本形式

①对称与均衡。对称是指以轴线为中心，两侧的形体或位置相等或相对，这是一种稳定、工整的构成形式，给人沉稳、严肃的感觉。均衡是指空间体量感达到相对的平衡，这不是完全意义上的对称，而是一种讲求动态平衡的视觉感受，在表现形式上更加自然多样。铺装地面的均衡布局，使整体空间有条不紊、整齐大气，适用于各种性质和风格的广场景观设计。在对称的布局中，广场的中心往往位于对称轴上，在均衡的形式中，广场的重心常常平衡而协调。中心

和重心通常是指广场的视觉中心区域，也就是整个广场景观构图的中心，体现着整个广场的性质和风格。广场内部的景观、道路、铺地等的形式都应围绕相应的中心布局设置。

②重复与群化。重复是指相同或近似的形态要素连续地、反复地、有规律地出现或排列，可以是单一要素的重复，也可以是正、负形交替的重复，还可以是多样物体组合的重复。重复的构成形式能使环境整齐化、秩序化和富有节奏感，并呈现出和谐统一的视觉效果，使人感到井然有序。在广场布局的时候，反复或间隔反复出现的线条、形态及图案等就是采用了重复手法。广场上横向或纵向地重复同形状的花纹图案，可以产生一定的节奏感和条理感。群化是重复的一种特殊表现形式，它不像一般的重复构成那样由四方连续发展而成，它的构成形式可以是基本形的平行对称排列、对称或旋转放射排列或多方向的自由排列，例如，黑白相间的四边形方格铺地、具有向心旋转的三角形地面图案、同心圆和放射线组成的圆形古典图案等。

③渐变与发射。渐变是指基本形的特征逐步地、有规律地进行变动的现象，它有一定的方向性，给人以韵律的美感。渐变的形式有很多，主要有形状渐变、大小渐变、位置渐变、方向渐变、色彩渐变等。形状和大小的渐变可以采用粗细、变形、压缩、增大等手法，给人以运动感和空间感；位置和方向的渐变可以采用疏密、位移、角度变换等手法，给人以立体感和空间感；色彩渐变可以是色相、明暗、纯度的变化，给人以优美的视觉感。渐变的形式应用于广场铺地能够产生非常艺术感的空间，给人耳目一新的感受。发射是一种特殊的重复，也是一种特殊的渐变，它的特征是基本形环绕中心点向内或向外做有序的变化。向外散开的发射形式具有很强的扩张感，向内集中的发射形式具有很强的收缩感，发射有一种深邃的空间感，在方向上具有明确的指引性。在广场的中心或区域中心，常常会用到发射的形式，它的表现形式非常丰富，主要有向心式、同心式、离心式、多心式等。在实际的景观设计中，这些形式可以组合使用，以取得良好的视觉效果。

④对比与统一。对比是一种自由的构成形式，它通过相互比较而得出差异；统一追求的是协调与和谐，它通过各个元素相互调和而寻求近似。对比可以是大小形状的对比、空间虚实的对比、色彩肌理的对比、疏密聚散的对比，对比可以是强烈的，也可以是细微的，而统一却要从整体出发，协调对比空间位置关系、画面主次关系等内容，要做到统一而不单调、对比而不杂乱。在大面积的广场景观中，为了达到形式上的统一，我们常常采用相同质感或色彩的材料，然而这样的形式缺少了韵律感与节奏感，显得单调乏味。合理地利用好广场景观的形式变化、色彩变化和材质变化，在变化中寻求统一，显得尤为重要。

（二）材料与质感设计

硬质景观在城市广场景观中所占面积最大，好的硬质景观设计能够充分地体现出广场的特点、用途和主题。而质感是由人对材料结构和质地的感触而产生的，不同铺地材料的肌理和质地对广场空间环境会产生不同影响，有的给环境带来轻松和温馨，有的使空间开阔和舒适。在设计中，景观设计师需要充分观察和了解材料的质感美，利用不同质感的合理搭配，在变化中求得统一，这样才能达到和谐一致的铺装效果。

1. 景观材料的选择

广场空间的面积一般都较大，景观设计师在设计中常常采用不同的手法对整体空间进行分割，以形成不同的景观区域，而地面铺装材料的变化是区分广场空间领域最直接的手法。面对当今市场上众多的铺装材料，选择合适的辅装材料并运用于特定的广场空间，赋予广场特征与活力，是景观设计工作的一项重要内容。

在选择材料时，要考虑广场的性质和使用情况，铺装材料的安全性要求、导向性要求、荷载要求、排水要求、施工便捷要求、后期维护要求等都应成为广场景观设计的考虑内容。一是安全性要求，地面材料应坚固耐久、平整抗滑，利于行人步行和行车安全；二是导向性要求，应利用铺装材料指引人们的游览路线，实现视觉导向和区域划分的功能；三是荷载要求，地面材料应具有良好的承载能力和抗地基不均匀沉降的能力；四是排水要求，地面材料应具有一定的渗透能力，或采用便利的排水设施，便于将雨雪水及时排除；五是施工便捷要求，随着建筑产业的工业化和现代化发展，铺地施工讲究安全、快捷和方便；还有后期维护要求，选用的材料应便于地面本身和地下设施的后期维护。除此之外，不同的气候也会影响广场地面铺装的使用情况与使用周期，在设计中要充分考虑地面对气候的适应性，尤其要注意一些极端气候条件。例如，使用浅色的铺地可以反射热量，减少热吸收，适用于炎热的气候条件；使用有孔隙的铺地表面，或良好的排水设计，适用于多雨的气候条件；选用耐抹面层，以应对多雪地区清雪设备的使用，适用于寒冷的气候条件。

2. 广场景观的质感美

广场景观的质感美，主要体现在材料的运用、质地的表现和界面的处理三个方面。质感是指人观察或接触到材料的表面而产生的心理感触。例如，质地细密光滑的材料给人优美雅致和富丽堂皇之感；反之，如果材料质地粗糙、无光泽，则给人以粗犷豪放、草率野蛮、朴实亲切之感。目前，随着科学技术的发展，广场地面铺装工程中出现了很多具有自然视觉表面的人造地面材料，如看似花岗岩或布面的瓷砖、看似大理石的混凝土砌块、看似木材的塑料板材等，这使得广场的铺装材料更加多样化。触觉质感是指通过接触感知材料的表面状态，对广场地面铺装而言，就是脚透过鞋底或者手触碰地面感觉到的表面状态，比如，光滑或粗糙、柔软或坚硬。材料表面状态也表现为纹理的粗细程度，细致的纹理给人光滑感，粗糙的纹理给人粗涩感。

在质地表现上，要尽可能地发挥材料本身所固有的特点和美感。木材的温暖、鹅卵石的滑润、石材的粗犷、青石板的质朴都能为广场地面创造出不同的环境效果。在进行材料质感的设计与组合时，材质的对比与统一是铺装设计的重要手段之一。采用质感对比强烈的材料，可以使铺地产生强烈的视觉冲击效果，独特而醒目，而在对比变化中寻求统一，又可以把握整体的效果。

（三）色彩与图案设计

在进行地景设计时，关注色彩、分析色彩、合理运用色彩显得十分重要，同时光影的变化、不同造景材料的组合、空间功能的强调也影响着环境效果。这些相关的要素必须相互作用、合理配置，才能创造出一个赏心悦目、多姿多彩、令人向往的广场空间。

1. 广场景观色彩的特性与构成

城市广场的景观色彩包括地面铺装、地表小品等人工的装饰色彩和地被植物、水体等天然的自然色彩。装饰色彩主要来自人工铺筑的景观，我们可以选用不同色彩的铺筑材料，保留其固有色，也可以直接在材料上进行涂色，这些人工景物其体量的大小、质地的粗细、形态的变化，以及其色彩的应用都会对环境气氛造成较大的影响。自然色彩又分为以植物色相为主的生物色彩和以水体、山石等色相为主的非生物色彩。广场地景中的生物色彩主要来自地被植物，绿色是它的基调，彩色花卉也较为常见。植物是具有生命的活体，而且种类繁多，会随着其生长阶段和季节的交替不断地改变其形态和色彩而呈现出丰富多彩的变化。大自然中水体、山石的色彩，在地表景观构图中也有精彩的表现，有时以背景色彩的形式存在，有时色彩又起点缀作用，有时还产生犹如流动的画面。自然色彩可以打破装饰色彩的单调性，增加层次和变化，活跃整个广场的景观界面。

2. 色彩与图案的功能

根据人们在广场中活动的特点，景观的色彩和图案关系到广场的各种交通功能和装饰问题，还关系到游憩与娱乐、指示与信号系统等。在实用功能上，如空间的开敞与围合、高差的上升与下沉、平面与立面的连接与交合、内部与外部的限定与渗透等环境艺术都可以通过色彩手段来处理。广场景观的色彩和图案主要有以下功能：

（1）调节和平衡整体环境

人们对不同的色彩也会有不同的视觉感受，可以利用色彩重新调和有缺陷的环境景观要素，可以采用的手法有大小比例的调和、色彩的冷暖关系调节等。

（2）强化特定空间

为了打破单色的空间界面，设计人员通常采用不同种类色彩各异的景观元素进行合理搭配，这时可以突破地面的界面区分和限定，自由任意地突出其抽象的空间，模糊或破坏原有的空间构图形式，与周围的环境形成区别，给人新鲜感和美的享受。任何一种景观元素都有固有的色彩。采用不同的材料色彩，营造出不同的氛围，既能够使景观得到丰富，又能够在一定程度上活跃整体的气氛。

不同性质的广场、地面色彩和图案应具有各自不同的特点，如位于繁华的城市中心的商业广场，可以采用浅色、明度较高的暖色为铺地材料的主要色彩基调，从而烘托出热闹、繁荣的气氛。相反，对于气氛较严肃的市政或纪念性广场，色彩和图案应选择一些稳重的基调，多采用表面较为粗糙、色彩不艳丽的材料，以此来营造庄严肃穆的氛围。

第二节　城市街道景观设计

一、城市街道景观相关概念

（一）城市街道

城市街道是随着城市的发展而出现的，原始社会的街道雏形就是在部落形成以后，连接各个部落的道路。现在的城市街道不仅是具有交通功能的道路，还是具有游憩功能的重要场所，也就是说街道的概念在“街”与“道”上有了区分。“道”强调的是交通的功能，而“街”的概念可以参照《辞海》中对街道的解释：“旁边有房屋的比较宽阔的道路。”在这个解释中可以看出“街”是道路与路边的建筑进行围合形成的空间，这个空间是三维甚至多维的。

人们在这个空间里行走、交流、休憩，进行他们想要的各种活动。这个空间不仅仅具有交通功能，还有社会生活的一部分在这个空间里发生。

（二）城市街道景观

城市街道是建筑和道路进行围合形成的一个三维空间，人们的一部分社会活动发生在这个空间里。人们在活动时为了满足一些需求，包括基本的生理需求和情感需求，对这个空间进行了改造，并加入了一系列的环境设施，如可供休憩的桌椅、照明的路灯、垃圾桶、绿化植物、铺装等一系列元素。这些元素满足了人们的基本生活需求以及人们对美的追求。这个空间的所有形象包括人类本身，构成的各种画面和场景就是城市街道景观。

城市街道景观的形成既有人为推动的原因，也受自然环境因素的影响。人按照自己的意愿对这个空间进行了改造，随着时间的推移，自然也在这个空间里留下了自己的印记。所以城市街道景观每分每秒都在发生变化，是人与自然，人与人进行对话的产物。

二、城市街道景观的分类

根据街道的主要使用功能和周边环境类型，城市街道可以大致分为交通性街道、景观性街道、生活性街道、商业性街道和滨水街道，由此也将形成不同类型的城市街道景观。

交通性街道主要关注“道”的使用价值，更倾向于道路，也就是城市中的交通性干道，主要为车辆提供行驶通道。交通性街道景观常常集中在人流、车流较多的区域位置，如火车站、地铁站、汽车站、机场以及一些城市主要干道等。交通性街道景观更多是满足车辆和人流通行，所以在设计上要考虑行车和行人的安全，很多时候可以做道路隔离使用。

景观性街道侧重于街道形象的展示，实际上很多时候街道可以代表一个城市甚至一个国家的形象。景观性街道一般都是有特色的，适用于美化展示城市形象，往往和传统文化与历史相关，或者有一个独特的主题，一般都蕴含着独特的文化意义。设计人员在对这样的街道进行景观设计时，需要充分了解它蕴含的意义，去挖掘其中能够用在城市街道各个要素设计上的元素，只有这样才能设计出符合其主题特色的景观性城市街道景观。

生活性街道往往出现在城市居民区，通常用来连接附近的其他居民区或者超市、菜市场等服务性场所，生活气息浓厚，可以看成对居住小区空间的一种延伸。在生活性街道景观的设计上，设计人员主要应考虑人的使用需求，即对路径规划、小品设施以及绿化和灯光的设计要多一些。

商业性街道一般位于城市商业氛围浓厚的区域，大多是人行步道，不允许车辆进入。主要原因是这种商业区人流量密集，而且周边大多会有商铺性质的建筑进行围合。在商业性街道景观的设计上，设计人员更多地要考虑空间上的设计，加以适当的雕塑小品和休憩设施进一步烘托商业氛围，吸引人们的停留，进而产生消费。

滨水街道也就是临江、河、湖、海等水域的街道，通常起到连接水域和陆地的功能，是它们之间的过渡带。在滨水街道的景观设计上，设计人员更多地要考虑地形地貌、植被生长、雨水给排等自然生态系统，以及人和自然的交流对话。

当然很多时候街道的分类并不是那么绝对的，有可能会有多种类型的城市街道景观进行融合。例如，滨水街道的设计中就很有可能会夹杂着商业，形成滨水商业街的业态。又如，景观性的街道可能就是由一些有特色的小店铺构成的一整条街。所以对于街道的分类我们要灵活运用，不能一概而论。

三、城市街道景观的设计要素

（一）景观小品

城市街道景观的要素包括开放性的设施和小品。城市街道是现代城市居民通行、休憩的公共空间，随着社会的进步，人们对城市文化和城市精神的需求增加。景观小品则作为街道绿地景观的重要元素之一，在景观表达与功能满足等方面起了重要的作用。城市景观小品的种类也十分丰富，如街头花坛、座椅、雕塑、喷泉等街道小品等，用这些形象生动、特色鲜明的小品可以为城市街道景观增添情趣，营造美观惬意的街道景观环境。

景观小品不仅能够反映一个城市的品位和风格，而且也能反映一个城市的发展水平。同时，作为街道景观设施的重要组成部分，景观小品与一个城市的形象直接相关。景观小品有多种形式存在，一般以亭、廊、厅等形式，与周围的建筑、植物等组合形成半开放空间，同时很多的百货店、餐饮店、电话亭都具有独自的功能。

景观小品城市街道景观的一部分应注重其功能性和过渡性，同时其自身也应具有符号性和象征性，这是与一个城市的历史风貌和发展状况直接相关联的。

具体来说，城市街道景观小品一方面需要注重其实用性，另一方面也需要关注其精神文化性。建筑小品包含雕塑、壁画、亭、拱等，道路设施小品包含车站牌、路灯、围墙、道路标志等，生活设施小品包含座椅、电话亭、垃圾箱等。

但在我国，大多数现代城市景观小品，其精神文化功能常常被人们忽略。另外，景观中的细部细节也没有得到应有的重视。俗话说“细节决定成败”，在类似的情况下，一些细节可以反映一个城市的文化品位和审美情趣。

艺术反映了一个国家和民族的特点，是人的思想感情的表现，所以人的生活不能没有艺术。而艺术元素在景观设计中是必不可少的，正是这些艺术作品与实施，使空间环境生动起来。所以，景观设计不能仅仅满足于实用的功能，还要努力追求艺术的美感，增加更多更好的艺术元素，以陶冶人们的情操。

通常，城市开放空间中的建筑小品虽然不是决定性的要素，但是在实际生活中给人们带来的方便和影响确实不容忽视，它的功能作用主要有以下几种：

一是为人们提供优美的交往空间环境，也是城市公共设施健全的具体体现；

二是为人们提供安全的防护，如亲水平台边缘的护栏，可以在人们亲近水的过程中给人以安全的防护，防止落水；

三是一些公厕、废物箱、儿童活动中心，这些都为居民提供方便的公共服务。

所以，建筑小品的设计要具有功能性和科学性，小品的布置应符合人们的行为心理要求和人体尺度要求，要使布局更加合理科学，还要满足整体性和系统性。

（二）户外广告

户外广告是现代城市景观的重要组成部分，户外广告设计也应具有景观意识、个性化意识和场所意识。户外广告是对街道环境的有效利用和开发，尤其是在一些商业性活动比较浓厚的街道，户外广告通过商业宣传活动向城市街道提供价值。

街道上户外广告的相关设计是跟城市发展的步伐相一致的，并随着市场化的进程，在城市街道景观中发挥着日益重要的作用。户外广告以其独特的商业化特点成了街道设计的一景，广告的尺寸、色彩、标语等都以直观的视觉传递对城市的形象树立产生了重要影响，同时与景观雕塑的结合也给市民的生活增添了不少乐趣。不过户外广告毕竟是商业化的产物，部分户外广告的植入也需要政府根据具体的街道特色和功能来进行统一管理。

（三）建筑与广场

建筑作为城市空间一个重要的决定因素，其大小、规模、比例、空间、功能等，都将对城市街道空间环境产生重要影响。建筑被喻为“石头的史书”，建筑位置、建筑用地及建筑的装饰风格都会影响建筑与街道的关系。建筑用地和街道是有机的整体关系。沿街建筑的装饰风格也会对街道安全起到一定的影响作用。

广场可以说是街道的中心，是最活跃的空间单元，也是居民生活的场所，是有生气的空间，建筑内部与广场在空间上相互渗透。

根据人们的活动和广场所在的地理位置，可以将广场分为休闲娱乐、纪念性、市政、交通集散四大建筑类型，其中与人们生活联系最紧密的为休闲娱乐类广场。在广场的设计中应该遵循三个原则，即坚持以人为本、强调个性特色、讲究整体协调，同时还应该注意的是广场设计的情趣化问题，要力求提高广场对市民的吸引力，尽力发挥广场在地方建筑中的风格特色，广场的入口、绿化、材质的布置和使用都要以能突出视觉中心为主。广场建筑设施的配置和整合，也可以使街道景观更加丰富。广场提供室内外的过渡空间，为市民提供良好的空间感受，增强环境的舒适度与亲切感。

（四）路面与铺地

路面是人们步行与车辆通行的基面，其铺装设计对于道路空间的整体效果有着重要的意义。人行路面的铺装是城市街道设计的核心，其选材具备一定的强度、透水性与可更换性。居住氛围浓厚的地区宜采用简单、统一的路面铺装，平静朴实的日常生活是构成街道景观的第一要素。

街道是由路构成的，路面与铺地对街道的重要性不言自明，于是对城市五大意象之一的道路的安排便成了街道景观设计的重点。大众的视觉感受与不同材质的铺地材料有关，以鹅卵石为主的铺地材料能够给市民放松舒适的感觉，而以砖瓦为主的铺地材料则能够彰显出街道的古朴质感。除了铺地的材料能给人带来多重感官外，铺地的色彩、图案就像地面的绘画一般，也能够打破呆板单一的地形，营造视觉盛宴。

总之，城市街道的路面铺地材料的色彩、质地、图案等能在街道景观设计中发挥极其重要的作用。设计师需要根据不同的街道氛围选取不同质地的路面铺装材料，从而使所选铺装材料与街道景观达成一致的风格，同时还要避免因为过度的变化而造成的视觉疲劳，所以铺地材料如何选择是一个需要认真设计、慎重考虑的问题。

（五）公共服务设施

公共服务设施也是街道景观设计必须要考虑的因素之一。公共服务设施包括交通设施（指示牌、信号灯）、生活设施（休闲座椅、垃圾箱、公厕）等。一般情况下，公共服务设施在选材、形状、大小、颜色等方面都应该合理得当。进一步说，这些公共设施也要与城市的大环境产生良好的化学反应，什么类型的街道要配置什么类型的公共服务设施，不能胡子眉毛一把抓。只有注意了这些设计原则，公共服务设施才能更好地为人们服务，也才能更好地改善人们生活、工作的公共空间。

（六）空间形态的组织

城市的发展是一个动态的过程，其空间形态不会停留在形状紧凑的阶段。一方面，对于不规则的空间形态通常无法使用几何方法来进行定量描述，所以一般采用定性描述分析，定性描述分析从城市街道的特点出发，通常富有生动、形象、个性的特征。另一方面，空间形态是城市系统的一个特殊部分，对其形态可以进行定量分析。在特定的自然环境、景观限制下，可根据城市的经济发展状态和阶段选择一种合理的空间形态，并对其进行参数控制，使其与城市结构、功能、环境相互协调发展，而合理有效的参数控制，首先需要注重的就是对空间形态特征的定量研究。

三、城市街道景观设计的美学法则与原则

（一）城市街道景观设计的美学法则

街道美学包括格式塔心理学，其原理就是整体与完形，整体大于部分之和的基本精神和宗旨。格式塔心理学在景观中的应用就是根据形态视觉结构的“图形”与“背景”理论，研究实体建筑空间与街道构成空间之间组成的“图底关系”及其转变。

奥地利建筑师卡米洛·西特曾经说过：“根据经验，广场的大小和建筑规模之间的关系，可以大致确定为：广场最小应与支配广场的建筑物高度相同，广场最高不超过建筑高度的两倍。”这就是街道景观设计中我们要追求的美学法则，具体表现在以下几点：

1. 平衡对称法

对称是均衡的形态表现。对称作为景观视觉中一种最常见、最符合人们习惯的构成形式，表现出了力的均衡状态。另外，平衡对称的手法，给人庄严的情感。在城市街道景观的设计过程中，我们将这一方法贯穿其中，会得到庄重而不失活泼的效果。

2. 节奏韵律法

节奏、韵律是音乐的表达方式，主要特点是经常重复，一些基本的形态连续起来，同时按一定顺序组合。这种节奏、韵律通常按照一定的比例，定期改变，从而呈现出阶段性变化，形成具有高动态感知特征的图像。街道景观设计是由节奏、韵律组成的，它通常表现出一种生机勃勃的动态感，能够传递给人无限的活力。

3. 重复变化法

与内部的节奏、韵律不同，重复变化侧重表现的是街道景观的外部运动，强调的是相同、相近形象进行反复的排序，其明显特征为连续的形象。秩序性在人类的视觉接受中产生的是一种有序的美感，如果把这种美进行夸张集中的话，就可以更为凸显美的功效。重复在现实街道景观设计中有许多用途。

4. 调和统一法

调和与对比相对立，统一与变化相对立，和谐是指街道景观的各部分协调统一，城市街道景观中最为普遍的设计要求就是将形态因素统一，然后是颜色均匀，涉及具体的景观设计方向。所谓街道景观的多样化统一是一种辩证的统一，要求在变化中寻求一致，将一致性融入变化中。无论是道路两边建筑物的组合、色彩还是街道空间的尺度，都要与本地域历史文化的表达相统一，同时在对色调的细节处理上，通过变化路面铺装上的形式和横断面方面的设计，不仅可以实现城市街道景观的统一，而且可以实现街道景观的多元变化，丰富街道景观的层次。

（二）城市街道景观设计应遵循的原则

城市街道景观设计的目的在于为人们提供良好舒服的公共交往空间，在设计过程中，我们必须要遵循以下设计原则。

1. 遵循城市历史文化原则

人类为了自身的生存不断改造周围的环境，但是在街道景观的设计过程中，我们必须遵循城市的历史文化。对待传统文化的态度我们要明确，要做到取其精华，去其糟粕，这符合我们设计街道景观的目的。所以，那些过时的、陈旧的设计一直处于被淘汰状态，而另外一些蕴含了历史文化意义的场所却刻在了人们的脑海中，挥之不去。这可以为我们打造一座个性化的城市提供思路，历史意识是独特个性的基础。

随着科技的进步和社会信息化的不断发展，文化产业的地位日益重要。在这样一个大的时代背景下，城市街道公共空间的建设不仅需要尊重传统、继承历史、延续文化，更需要以一个“今人”的身份特征，从历史的角度中开拓创新，从而真正实现对历史文化的延续和传承。

2. 遵循“以人为本”原则

以人为本强调的是思想上的解放，又叫作人文主义，其主要美学思想源于以意大利为核心的文艺复兴，因为主张人的个性解放，反对以中世纪为核心的经院派哲学，通过肯定人的中心地位来反对教会统治下的神本位，提倡人本位，所以称之为人本主义。

将以人为本原则融入城市街道景观的设计中，主要体现在城市规划中的人的主导作用，即从总体规划、控制规划，到街道的景观设计，再到配套服务的公共设施加上街道建设的方方面面，都要从人出发，一切要以人的需求为准则。纵观城市的发展历程，以不同的观念作指导，在街道的景观建设中所考虑的问题也不一样，在以机动车作为主要代步工具的当下社会来看，专设的人行道空间的建设就完全体现了一种人类对自身价值的认可和尊重。由此可见，街道景观设计理念从人出发，以人群为主要考虑对象，就一定会得民心，同时也是一个优秀的城市街道景观设计所遵循的必要原则。

3. 遵循整体性原则

整体性是衡量城市街道景观设计成功的第一要义，它是指城市街道景观设计要从城市整体出发考虑。城市街道景观设计需要展示城市的个性和形象，需要对街道层面进行明确划分，需要明确每一条街道在整体城市景观中的作用。

除此之外，整体性还讲究一种辩证关系，在多样中求统一，将统一蕴含在变化之中。这要求在对道路的空间尺度和建筑物组合的表达上能理解、阐释出本地域的历史和文化特色，形成表达和理解上的统一，同时在对细节的处理，如色彩搭配、图案设计上要用变化的眼光，力求将街道景观的多姿多彩与城市整体设计的统一相结合。

4. 遵循可持续性原则

可持续性作为21世纪人类的主题，指的是要将城市街道景观的设计理念与自然相结合，追求自然，延续生态的可持续性，拒绝以市场化为导向的街道景观设计，强调在追求自然中达到建设的可持续发展。

近年来，越来越多的人开始运用绿色、生态、花园等新鲜词汇来描述城市街道规划的合理性和科学性，这足以说明城市的可持续发展观念已经深入街道设计的方方面面，在景观建设中已经成为普遍的共识。

第三节　城市公园绿地景观设计

城市绿地系统的建设伴随着城市化进程的加快而飞速发展。草坪景观作为绿地系统中承载大量游人活动和发挥重要景观作用的组成部分，其科学合理、以人为本的设计对城市绿地景观的质量具有重要意义。

一、公园绿地及其分类

（一）公园绿地的概念

明确公园绿地的定义及其内涵有助于加深对公园绿地发展历史的认识，对于公园绿地的规划设计意义重大。世界范围内的学术研究领域对公园绿地的定义尚未统一，西方学术界更多地使用“开放空间”替代“绿地”的提法。美国规划界认为：“所谓的城市开放空间，指的是城市内一些保持着自然景观的地域，或者自然景观得到恢复的地域，也就是游憩地、保护地、风景区或者为调节城市建设而预留下来的土地。城市中尚未建设的土地并不都是开放空间。其具有娱乐价值、自然资源保护价值、历史文化价值与风景价值。”根据该定义，城市中或天然形成或人工改造后具有观赏价值和实用功能的土地才归为休憩、互动的开放空间。这种定义是基于人是否能与其产生互动而提出的，在景观层面，没有人的土地也就不具备价值属性。美国学者更多地将绿地作为城市绿色基础设施来研究。而波兰学者认为：“开放空间一方面指比较开阔、较少封闭和空间限定因素较少的空间，另一方面指向大众敞开的为多数民众服务的空间，不仅指公园、绿地这些园林景观，而且城市的街道、广场、巷弄、庭园等都在其内。”这是基于空间形式来定义开放空间的。虽然定义上各国之间存在差异，但总的来说基本内容是一致的。

我国自古就有用园林的提法来命名公共休闲空间的传统，自中华人民共和国成立后，我国就将苏联援建时期使用的“绿地”概念延续使用至今。城市绿地，是城市建设用地范围内所有绿化土地的统称，是由不同类型的绿地相互联系共同构建的一个整体，具备系统性、动态连续性、功能性的特征。《风景园林基本术语标准》（CJJ/T91—2017）的通用术语中将其定义为“城市当中以植被作为主要形态并且具备一定功能及用途的一类用地”。

公园绿地是城市绿地系统的子系统，它让城市绿地系统更加完整、全面。公园绿地是对发挥公园作用的城市绿地的统称。公园绿地与其他绿地共同构成一个持久稳定的城市绿地体系，其中公园绿地与公众日常生活和工作关系最为密切，直接影响民众工作、生活质量。在城市绿地所有类型中，公园绿地也是在城市绿地中占比最大的绿地类型，是城市绿地体系中最重要的组成部分。

（二）公园绿地的分类

对城市绿地进行科学的分类，明确不同类型的绿地在城市绿地系统中的地位，能够指导相关执业者更好地理解城市绿地系统的构成与特征，更好地服务于城市建设管理。

2002年，建设部颁布的《城市绿地分类标准》（CJJ/T85—2002）将“公共绿地”这一说法更改成了“公园绿地”。这一更改重点突出了绿地的主要功能，强调绿地的用途，更加准确的命名建立了国际交流中横向比较的基础，是适应绿地建设和发展的需要。2017年11月28日，建设部颁布了新的《城市绿地分类标准》（CJJ/T85—2017），对公园绿地的中类和小类及计算原则与方法等内容做了补充和调整。经调整，公园绿地分为综合公园、社区公园、专类公园、游园。其中，专类公园再划分为六个小类，分别是动物园、植物园、历史名园、遗址公园、游乐公园、其他专类公园。城市公园绿地规模较大、相对集中，在城市中发挥着主要的游憩与生态作用；其他各个类型的绿地以点状、线状等形式均匀分布，共同构建起了城市生态景观。

二、公园绿地的功能

公园绿地是一个城市的自然综合体，有着十分丰富的功能，对城市环境发挥着积极的影响。了解公园绿地在城市中的功能与作用，是做好城市公园绿地规划设计的基础，公园绿地不仅能为人们提供休闲、社交、避灾等人文活动的场地，同时还具备改善城市生态环境、丰富城市景观、调节区域气候等功能，是城市自然生态的重要支撑，对于改善城市环境具有不容忽视的作用。公园绿地的功能可以归为景观功能、生态功能、社会功能三个大类。这些功能是城市发展的基础，维持着城市发展的蓬勃生命力。

（一）活化城市的景观功能

城市景观作为城市展示窗口具备较高美学价值，是展现一个城市的历史、文化、经济、政治等各个方面的载体，其中公园绿地的质量对创造性城市景观的影响是不可替代的。公园绿地的景观功能包括美化环境、丰富城市风貌、增强城市活力等。

1. 美化环境

公园绿地可以美化城市环境，丰富城市空间。公园与城市中行道树、建筑、广场等公共设施的有机结合，能够在城市的钢筋水泥中增添一抹绿意。纯粹的绿色空间是城市空间中难得且独特的风景。

2. 丰富城市风貌

公园绿地可以通过塑造出不同的形态与色彩来丰富城市风貌，改变城市建筑轮廓。梓树、水杉、梅花等作为乡土花木更是城市风情的代表，可以体现城市环境的多样性与独特性。

3. 增强城市活力

优秀的公园绿地是城市意象的一个重要组成部分，区域公园、重点景观道路、滨水绿地等是城市标志性建筑，公园作为城市人口的聚集地标，承载着大量的科教、人文、休闲等活动，具有调动城市活力的作用。

（二）改善城市居住条件的生态功能

公园绿地不仅是城市重要的景观载体，也具备巨大的生态价值。良好的生态环境是城市发展的基础。城市自然环境包括公园绿地，对减轻污染、改善城市区域气候、维护生态平衡等有着极其重要的作用。公园绿地分类当中有完善城市生态环境的专类公园，如哈尔滨群力雨洪公园，它是在海绵城市的建设背景下应运而生的，其主导功能便是改善城市居住条件的生态功能，如调节区域气候、减轻污染、保护环境等功能。

（三）服务城市的社会功能

绿地是城市的绿色基础设施，也是维护人类社会可持续发展的基础。伴随着我国经济实力的增强，科学技术的提高与普及为人民生活质量和劳动效率的提高提供了更多的手段与方法。绿地成为人们日常户外活动、休憩的重要场所。它除具有景观与生态功能之外，还具有服务城市的社会功能，如游憩娱乐功能、防护减灾功能、文化教育功能等。

三、公园绿地景观的构建策略

（一）自然造景融入城市实体空间

自然景观应向城市内部渗透，以最大化实现绿地在城市中的生态、景观及社会功能。城市实体空间中的建筑、街道及构筑物也应当与绿地空间融合，以构成和谐统一的城市绿地景观。

（二）优化功能布局，明确特色定位

公园绿地的特色定位最能体现城市绿地的景观特色，反映出城市基本面貌与特征，因此在公园绿地的景观设计中应明确研究区域的特色定位，尤其要反

映研究区域的地域性特征及公园绿地在城市绿地中的功能作用，优化功能区分，合理设计景观。在“小街区，密路网”与混合功能空间模式下，景观设计师要在充分理解街道布局结构与公园关系的基础上，利用原有竖向关系、人地关系、植被关系因势造景。公园绿地景观功能分区有利于形成较集中的活动中心和景观内容。在人流量较大的街道口，应设置较为空旷的林带休憩区。在小尺寸的公共空间中，应设置主题性景观小品，按功能分布不同休憩场地。

（三）依托景观基础设施完善绿地系统

在应对多功能复合城市空间及公园绿地破碎化布局两个问题时，景观基础设施作为中间介质可以在自然与城市间建立新的亲密关系。景观设计师应运用景观设计手法，在保证其基础功能正常发挥的基础上，满足多层面需求，包括：运用景观设计手段对公共基础设施形式、外观重新表达；为公共基础设施赋予更多公共生活功能；在现代基础设施中实现人工与自然的转变，满足居民生活需求，提升居民生活品质，以增进景观公共基础设施对环境的影响，从而形成具有环境、经济和社会等多元价值的景观与基础设施的统一体。

第四节　城市居住区景观设计

一、居住区景观设计的原则

（一）生态性原则

以生态性原则为指导的生态设计应成为居住区景观可持续设计的基本方向，也应成为景观设计师做所有设计的出发点，其特点是强调人与自然的相互关联与相互作用，目的在于利用自然生态过程与循环再生规律，达到人与自然的和谐共处，从而为居民创造出适应自然的绿色居住环境，提高居民的工作和生活质量。

1. 加强城市绿地建设

（1）增大居住区绿化面积，提高植物利用率

随着城市化发展速度的加快，房地产开发商的用地成本逐渐增高，由于人口增长迅速，城市居住区的居住密度不断增大，导致许多市中心住宅小区的绿化面积减少，针对此类问题，除依靠政府制度强有力的执行外，还可依靠建造屋顶花园、开发垂直绿地、棚架绿化等方法来增加绿化面积。

1）发展立体绿化

立体绿化属于节约型的绿化形式，其生态效益十分明显，针对市区内用地面积紧张，能最大限度地增加城市绿化量。立体绿化主要包括墙体绿化、屋顶绿化以及棚架绿化等形式。墙体绿化指在建筑物的外墙外栽植一些具有装饰性的攀缘植物，仿佛为建筑披上一层绿色的外衣，具有观赏性的同时也能够起到在夏季降低室内温度的作用从而节约空调的使用率，减少污染。屋顶绿化指在建筑物的顶部及天台以植物造景，形成屋顶花园，这种形式的绿化景观优美、功能齐全，可供居民休憩和活动使用。绿色的植物覆盖层可以防止屋顶排水过快，同时也可以改善周围气候。耐用的绿色屋顶也可作为园区内野生动物的栖息地，有利于维护生物物种的多样性。棚架绿化是指在居住区内道路上搭设一定结构的棚架进行绿化，形成绿色走廊，在增加居住区内绿化面积的同时也能起到夏季遮阳乘凉的作用。

2）丰富植物种植形式

①种植设计应以乡土树种为主，并选取一些适应性强、观赏性佳的外来树种形成多样化的植物配置。

②种植设计应避免使用大面积草坪与雕塑形式的绿地。种植绿化要将乔、灌木相结合形成丰富的种植层次与观赏效果，同时还要维护生物物种多样性，更好地发挥植物的生态功能。

③种植设计应重视野生植物的选择。野生植物具有抗寒性强、适用范围广、管理简便、维护费用低等特点，其作为乡土植物，有利于体现地域文化。

（2）居住区各空间绿化可持续设计方法

1）居住区公园

居住区公园主要服务于居住区居民的休闲娱乐等活动，高质量的绿化设计有利于居民的身心健康，能最大限度地体现居住区的生态设计方法。在植物种植上，应以乡土树种为主，要做到常绿树种与落叶树种的合理搭配，形成三季有花、两季有果、四季常绿的自然生态景象。园区内按照植物的生长特性分类，可形成丰富的种植层次，如药草园、蔗类园、宿根花卉园等。

2）宅间绿地

宅间绿地包括宅前、宅后、住宅之间及建筑本身的绿化用地，是居住小区内与居民关系最为亲近的绿地。其功能在于美化园区环境、阻挡外界干扰，为居民提供一个安静舒适的绿色生活环境。另外，宅间绿地的植物配置应充分考虑植物与建筑的组合关系，根据庭院大小、建筑的颜色等选择合适的树种。在庭院周围别墅区不宜种植高大乔木，以免影响室内的采光通风，同时要控制好植物与建筑距离，使宅旁植物发挥夏季遮阴作用，降低室内温度，减少能源消耗。

3）居住区道路

居住区内的主要干道，可以选用体态雄伟、树冠宽阔的乔木作为行道树。树木高度应根据道路性质、车行道距离等来定，在交叉口及转弯处不宜种植高大乔木以免影响视线，行道树的主要作用是减少噪声、灰尘，为居住区内居民提供安静卫生的生活环境。在以行人为主的道路上，种植设计应注重美观与多样性，可采用小型乔木与开花灌木结合的种植方式，形成不同色彩的植物景观。

2. 构建自然生态景观

（1）景观设计遵循自然规律

①因地制宜，结合场地特性构建自然景观。尊重自然、尊重场地，与场地和周边环境密切联系、形成整体的设计理念，已经成为现代园林设计的基本原则。植物是场地中最有价值的元素，植物景观的生态设计主要体现在尽可能保护场地原有植物，建立地域性植物群落。居住区的园林设计应做到在设计前对场地原有植物进行专业化评估，巧妙利用场地原有植物造景，对原有树木进行补植修建后重新利用，而不是单纯地为了提高空间的利用效率而乱砍滥伐。在对较大面积绿地的利用上，应对原有植被进行自然植物群落的调查研究，确定正确的群落结构，整体绿化设计中应注重光照、温度、土壤、地形等因素对植物的影响。

在对原有植物的保护方面，一方面要避免大树移植对场地原有生态的破坏，另一方面要做到尽量减少踩踏、减少硬质铺装树池，例如，以废弃块状树皮规律性围绕排列在树木根部形成的装饰树池，不只起到了对植物根部的保护作用，同时提高了废弃物的利用效率，减少了传统的以混凝土花岗岩等材料构建树池的成本。

②摒弃形式主义，以自然元素营造景观。目前，许多国内的居住小区都以追求高端奢华为设计原则，盲目地效仿西方建筑设计形式，这导致英伦风格形式的住宅小区泛滥，居住区内景观设计过于形式主义，如昂贵的石材铺装、众多的人工喷泉池等。可持续的居住区景观设计要求居住区设计应更多体现自然元素，减少假景观树和仿生材料的使用，运用乡土树种营造绿色自然的生态环境，利用植物群落的野生植被，推广宿根花卉和自播能力较强的地被植物，营造具有浓郁地方特色和郊野气息的自然景观。

居住区内的景观小品设计可利用木材等可再生材料以全新的组合形式取代传统的雕塑小品，既能增加趣味性，又能体现可持续设计的原则。相比较于大面积的人工水池，在居住区内建设湿地景观更具生态效应，既有利于水生植物的生长，又有利于维护生物物种的多样性。

（2）保护乡土植物，维护生物多样性

生态学认为，物种多样性是维护系统稳定的关键因素。“生态设计的最深层含义就是为生物多样性而设计。”在居住区景观设计中，应注重保护居住区内原有具有地带性特征的植物群落，保护乡土树种是构成地方性自然景观的主要因素，种植设计应以本地区乡土植物为主、外来植物为辅，本地区乡土树种更能适应地区干旱、严寒等气候的影响，与外来树种混合种植，有利于减少病虫危害。

居住区丰富的植物种植形式、多样性的植物配置，可以吸引更多动物。颜色鲜艳的花朵可以吸引小鸟、蝴蝶，为居住区景观增添生机。不同的植物可为生物提供保护和作为食物，因此设计师在设计时应根据各类植物花朵、果实、茎叶的特征，考虑其对生物的不同作用，同时也可在居住区公园中引入一些可爱的动物，提高居住区生物物种的多样性。

（二）文化性原则

每个城市都有其不同的地域特征与历史文化，可持续的景观设计理念要求居住区的设计应注重体现中国的传统文化与尊重场地原有的地域特色。由于设计师缺乏对西方现代园林文化背景的理解以及对本土文化与景观资源的认识，目前许多居住区的景观设计盲目效仿西方建筑形式，缺乏对地方文化与传统文化的传承。

因此，景观设计师在对居住区进行设计时应首先考虑体现场地所在地域原有的自然环境特征，保护场地原有历史景观以及利用建筑与环境艺术相结合来体现不同场地的地域文化与历史文化，展现中国传统的古典园林设计风格。

1. 尊重地方文化差异

（1）保留场地地域特征，体现乡土特色

地域性是城市景观在空间上所显示出来的形态特征，是在一定地理环境中形成并显示出来的地理特征或乡土特色，各城市由于其不同的地理位置与气候条件形成了不同的形象风格与环境风貌。可持续的景观设计应当具有地域性的设计理念，即挖掘场地原有景观特征，并利用场地景观特征，对地域性景观进行再修复与再挖掘。具体到居住区景观设计中来，所谓地域性的设计理念是指最大程度地利用场地原有的山川、河流、植被等自然元素，在尽可能不影响原有地形风貌条件下对其进行合理的改造。这样既使居住区形成了原有的场地特色，又避免了自然资源与人力物力的巨大浪费。

（2）设计再现不同地域文化

地域文化一般是指生活在该地域的成员，在既定的时间、空间里，由地理环境、历史传承、社会制度，以及民俗习惯、宗教信仰等多种因素形成的一种文化形态。不同的地域环境形成了不同的地域文化，居住区景观设计应体现本地地域文化。

2. 重视历史文化传承

（1）历史文化资源的利用与保护

历史建筑、历史街区、历史城镇、文化景观等历史文化遗产是先辈们留下的财富，它们既见证了过去文明的汇聚与交流，又体现了一座城市、一个地区的文化内涵。同时，这些历史文化遗产作为不可再生资源，还具有历史价值、人文价值、艺术价值与社会价值等。在进行居住区规划时，应从政府角度运用市场经济手段，对历史文化资源进行优化整合和市场化运作，促进文化遗产的可持续保护与发展。历史文化资源作为城市的特色优质资源，为城市经济增长提供了新的渠道，充分利用这些资源可以直接或间接地使土地增值，吸引和拉动投资，促使居住区餐饮、商贸等相关产业发展，从而提升居住区品质，提高居民生活水平。

历史文化经营的根本目标是更好地保护历史文化遗产并充分发挥它们的作用，在任何情况下遗产资源的经营与利用都必须以保护为前提，居住区设计不能以破坏历史文化遗产为代价来扩大用地面积，增加经济效益，必须从制度上给予历史文化遗产优先保护权。具体来讲，对历史文化遗产的保护包括对古树名木的保护、对体现历史风貌的地域景观的保护等。

（2）发扬中国古典园林设计理念

盲目效仿西方建筑风格形式已经成为目前中国居住区景观设计的普遍问题，甚至为建成一些所谓的豪华帝王式、宫廷式景观，对原有的地形特征进行严重破坏，最终造成自然资源的大量浪费。这是一种西方文化的入侵，影响着人们的审美感受以及对传统建筑文化的认识。中国传统园林设计主张天人合一、崇尚自然，重视人与大自然和谐共处，能最大限度地保护场地原有山、水、石等自然元素造景，节约资源，这正符合可持续设计的基本理念。园林设计应以自然山水为主题思想，以花木、水石和建筑物为物质表现手段，在有限的空间里，创造出具有高度自然精神境界的环境，这也正是中国古典园林设计的精华所在。

二、共生理论下居住区景观设计的内容与策略

（一）共生理论下居住区景观设计内容

居住区景观设计，一方面关系着人们的生活水平和生活质量，另一方面也与城市文化建设息息相关。

1. 居住区景观设计与异质文化的共生

最近几年，人们对居住区环境的文化内涵和人文精髓投以足够的关注，通过设计居住区的景观，可以使文化的继承性和延续性得到充分表现。

与此同时，文化是景观设计中的灵魂，每一位居民都有属于自己对于文化、情怀、美感的理解。将文化与景观设计共生，不仅可以对文脉精神进行更好的传承文脉，而且还可以引发居民的共鸣，从而产生家的亲切感、归属感。

（1）与地域文化共生

现代文化与传统地域文化应是和谐共生、相辅相成，特别是文化流失严重的现代城市，为了更好地传承和发展传统地域文化，在文化传播中一定要有正确的形式，避免造成误解、误传。

在文化空间的营造上，不仅要满足场地的基本功能需求，而且还要关注居民的文化需求，例如，可以结合地域性文化活动形式，让居民获得秩序感与归属感，引发居民的文化共鸣，从而使居民的精神文化需求得到满足。

（2）与家乡文化共生

为了培育乡土文化人才，应深入挖掘优秀传统农耕文化、乡土文化，树立符合社会主义核心价值观的乡风、家风、民风。家乡文化是人的根基，看到家乡文化就仿佛看到了家乡。

城市化的发展或对高生活质量的追求导致城市异乡人增多，城市异乡人在居住环境中需要强烈的归属感，实现归属感的东西有很多，如一花一木或一句诗词歌赋等。

城市居住区文化的发展和创新势必会对异质文化进行挖掘和创新。发掘家乡文化已经不单单是发展古建筑、历史街道，更多的是深层次地研究家乡文化

的内涵，家乡文化影响了人的根基。

（3）与植物文化共生

植物都有其独特的特点与习性，由于植物的生长形态不同、历史含义不同，因而不同的植物文化有着不同的表达方式。因此，在景观设计上，不同的植物文化表达，必须搭配不同的场景，才能与景观更好地融合为一体。

按照植物的特性来讲，不同的生活场地需要不同的植物，如城市街道绿化中要选择可以有效地减少大气污染与噪声污染的树冠较大、阔叶类的树种。不同景观空间有不同的配置需求，因地适种才可以体现植物景观设计的实际意义。不同植物景观组合造景能形成不同形式的空间，不同的景观排序也可实现空间的过渡、空间的分隔，或开放、或封闭。

景观配置还应具有一定的科学性与艺术性，科学性及艺术性分别是指尊重植物的生长特性及植物形态，一般来讲就是要对植物的特征和生长习性有一个充分了解，这是合理景观配置的基础。在进行植物配置时，要考量比较植物的生长习性及四时之景的形态、尺寸、色彩、香味等方面，方便在设计时体现空间层次搭配与景观周围环境的协调性。所以，在进行植物景观设计时，要对植物的艺术特性进行合理利用，从而能够将植物的自然之美呈现给居民。

总之，植物景观可以为人们提供休闲、娱乐的空间，居民在领略自然风光的同时，还能感受自然植物带来的愉悦与放松，从而实现生态宜居的目的。

2. 居住区景观设计与城市环境的共生

（1）生态方面

城市与自然本就是共生关系，缺一不可，同理适用于居住区景观，以设计的方式介入城市生态问题，对解决城市空间环境问题大有裨益。

1）增加生态意识

面对不断激化的生态问题和日益枯竭的不可再生资源，生态自觉性非常重要。保护生态并不是某个人或是某一方的责任，公众保护生态的观念意识加强且自觉将生态意识贯彻于日常生活，能解决很多问题。公众的生态自觉是解决生态问题的根本。

在物质丰裕的当代社会，人们很难会觉察到自然资源的枯竭和生态污染所带来的严重后果。与说教形式的教育相比，融入生活空间中的生态教育更易于让人接受和认可。直观的景观体验，切实的感官意识，能激发居民观念上的生态意识。

2）对场地自然生态的最小干预

将设计活动对生态系统的负面影响控制在最小值，在实现个人理想与社会需求的同时，实现人、生态、城市的共生。

3）探索绿色材料

①新型材料。经过特殊处理后的材料，具有防火、防水、耐腐蚀等特点，可以减少后期维护成本和资源浪费。

②植物材料。植物材料具有降噪降尘的特性，并能清新空气、缓解城市热岛效应等，对改善城市环境有重要作用。

垂直花园作为近些年生态化景观形式的代表，以其调节环境品质、改善微循环等特征受到了很多人的喜爱和追捧。

③就地取材。随着不可再生资源的日益减少，就地取材，采用本土材料是更为经济、节能的方式。利用本土材料在一定程度上减少了对当地植物群落结构的影响，并增加了树种成活率，减少了成本。

（2）新型城镇化构建方面

在城镇化建设的进程中，实现城乡一体化建设并不是单纯地将村镇改为城市，而是在保护和传承自身文化的同时走城乡协调发展的路线，将生态、节约、环保、特色、人文等特征贯穿至城镇化发展的始末。

以整体、协调、生态、共生的视点看待城镇居住区内所存在的关系，用现代景观规划设计策略，为居住区营造出不仅具有美学效果，而且还有助于生态可持续发展的景观环境，促进人类居住区向美好、健康的方向发展。

（二）共生理论下居住区景观设计策略

居住区景观形式的多样化特性对生态、文化和城市发展具有重要意义。景观互动设计增加了人与景观的互动参与，不仅是身体的接触更是情感的参与。景观形式将潜移默化地影响着居民，有利于生态观念、意识的形成。

1. 尊重自然

自然环境是城镇赖以生存的基础，地形地貌、水源容量、地址分布状态、植被条件以及气候特征等因素，都是影响居住区景观发展的限制性条件。居住区景观设计应在不破坏当地自然环境，不影响植物多样性发展的前提下，尽力保护和利用自然环境。

2. 以人为本

居住区的主体是居民，以人的需求为最终目标，满足居民活动、审美需求是居住区景观设计的重点。

“人性化的景观设计”使景观在为人类观赏服务的同时，承担了为生态城市添砖加瓦的作用。在电子信息时代的当下，手机成为我们日常生活中的必需品之后，随处可见的刷小视频的“抖音族”都忘了看周遭的景色，更加忘了人与人之间面对面的交往。居住区景观设计的最初目标应是用多样的景观空间吸引大众，使“低头族”亲近自然、亲近身边人。

（1）交往性

在宅间绿地空间中的景观设计不仅是为了美化景观环境，还要符合居民休闲活动空间的使用要求，并用高低错落的植物来增强空间的可识别性。宅间空间是居民最常用的活动空间，空间可达性是宅间空间的特性。

（2）文化性

文化是景观设计中的灵魂，是判别居住区景观设计方案优劣的最重要评判标准。根据当地的地域文化、乡土文化、劳作文化及自然风光等，营造一种带有延续性、丰富性、多元性和文化性的居住氛围，能有效提高生活品位和归属感。

（3）丰富性

活动空间作为室内空间向室外的延伸，也应具备“家”的归属感，使居民需求在有限的景观空间得到实现。居住区居民从年龄划分可以是孩子、青年人、老年人，从背景划分可以是工人、学者、农民等。

3. 适度高效

在城镇化建设的脚步中，开发要注意适度高效。城市的发展讲究循序渐进，不可盲目追求量化，任何事物超过了一定的限度，就会适得其反。在规划前期，设计师对城镇空间景观的发展要有一定的预想，应明确目标和想要达到的效果，要考虑因开发或发展带来的变化，科学合理地做出判断、预测。因此，城镇的适度高效、可持续发展规划，是城镇高效运作和高效发展的保障。

三、居住区景观环境的美学评价探索

（一）居住区景观环境的美学体系

居住区景观环境的美学体系一词我们很少在建筑相关的理论著作中见到，因两者存在很多共同之处，我们可以从建筑美学中得到借鉴，即居住区景观环境美学是研究建筑与景观环境、居住景观要素与人之间的关系，以环境审美经验为基础，探索居住景观艺术的实现架构。我们可以将居住区景观环境的美学体系分为三个层次。

第一层次为“基本美”，主要研究居住区景观环境应具备的基本美学规律，涵盖基本美学构成。

第二层次为“社会艺术审美”，主要研究景观环境与人、与社会之间的关系，以及研究不同的景观环境、形式等给人的不同审美体验，如通过景观环境的构成要素譬如色彩搭配、材料、空间形式等，去研究使用者的审美感知、理解、反馈等过程。

第三层次为“艺术实践”，主要是将前两个层次的研究内容具体实施到实际项目中，在环境美学指导下形成一定的居住区景观架构。

（二）物质与人文环境评价

居住区景观的物质环境主要是指居住区的建筑环境、水、光、热、植物及辅助设施，人文环境是指包含居住区历史文化环境在内的居住区文化、风俗习惯、历史变革等。物质与人文环境评价主要从兼顾经济与环境效益出发进行评价。

我国现在的居住区人口整体上处于密集状态，人口集中的问题使得居住区景观环境呈现出独特特征。首先，相比较人口稀疏的居住区而言，人口密度高的居住区土地使用率高，使用强度大，这就在一定程度上导致景观环境更迭速度更快，城市经济的发展与景观环境的高使用率加快了景观的更迭。其次，建筑集中、人口集中自然致使室外的绿化面积减小，人均绿地率偏低。再次，人口集中会加重环境的污染，导致居住区生活垃圾、废水、废气处理的压力增大，同时也会消耗很多的能源去制冷、取暖等。居住区往郊区的迁移虽能起到一定的缓解作用，但为保证城市健康的发展，还是应留一定比例的人口驻于城市。从这些角度去看，研究解决居住区的物质与人文环境问题具有现实意义。

（三）生态与健康环境评价

1969 年，生态学概念被首次提出，生态学在当时被定义为探索机体与环境之间的关系的科学，到今天为止，生态学已经向研究自然资源与人类生存状态改善倾斜。居住区的景观设计首要应处理好人、建筑、景观的关系，应该依托周边“大环境”，再去营造身边的小环境，这或许就是生态学对景观设计的本意。在当代城市设计中，从整体上进行考虑越来越重要，要协调好各个景观元素之间的关系，并且协调好景观元素与生态环境的关系，如与土壤、水、气候、植物等生态要素之间的关系。只有从整体的角度进行考虑，才能体现出景观设计的生态价值。

一般意义上，影响健康环境的因素主要有自然环境方面的生物性危险因素如细菌真菌寄生虫的影响等，也有物理性危险因素如噪声、辐射、震动等，还有社会环境危险因素如教育水平、居住环境、家庭关系、工作强度等。就居住区景观环境而言，健康环境的评价主要有以下几个方面。

第一，光环境。由光才能产生色，光的作用不仅在于照亮空间，还在于营造空间氛围。光的存在是人们感受空间的必备要素，它会影响人们对空间大小、形状、冷暖的感知。我们也可以利用光去调整空间、划分空间，在居住区景观环境中，对于光的把控应注意两点：首先是住宅间距，建设实施前应做好日照分析，合理解决日照与建筑密度的问题，使居民能享受自然采光，保持健康采光状态；其次是光污染的问题，光污染会对人体产生危害，尤其是现在的材料日新月异，白光污染愈为严重，各个城市中使用玻璃幕墙装饰建筑的现象越来越多，这种材料的光反射比阳光直射多，对人体的危害更大，比普通建筑表皮的反射强度高十几倍，长期处于这种环境下，会引起神经衰弱、头晕目眩。因此在居住空间不同的分区中应注意光环境的使用。

第二，色彩环境。正确地使用色彩可以缓解人的紧张、疲劳等不良情绪，我们可以利用色彩的多种特性，如冷暖、明度、轻重、动静等去营造景观空间。

第三，声环境。声音是不可缺少的沟通媒介，但使用不当会妨碍人的正常生活。对噪声我们可以这样简单理解，和谐的声音可以称为声乐，不和谐的声音会使人心烦意乱，便是噪声。现代城市环境中主要的噪声来源为交通噪声、工业噪声、建筑施工噪声、社会生活噪声等。研究发现，噪声的污染不容小觑，可使多种疾病的发病率提高，居住区是人口密集的区所，因此在居住景观环境中应将噪声的防控考虑进来，可通过风向、绿化等手段去进行防控。

（四）伦理环境评价

伦理环境的考虑主要从人的行为习惯出发。居住区的人口数量、年龄阶段、职业爱好等不尽相同，一个空间不可能满足所有人的需求，在设计过程中应该综合考量，也可通过年龄阶段爱好的一般规律进行不同需求的空间设计。

例如，儿童活动场地应布置在居住区的中心地带，远离机动车道。但是儿童活动场地易吵闹，应与住宅楼保持一定的距离。再比如老人活动场地，可以分为动态场地和静态场地，动态场地包含跳舞广场、健身器械类场地。静态场地包含麻将室、按摩走道等。动态场地会产生较大噪声，可以稍远离住宅区。

针对一些年轻人的活动需求，可以增加方便交流的私密和半开放的景观空间，以及不少于 100 米的宠物活动场地等。

伦理环境的评价并非适用于各类居住区，其本身还有很多不足之处，应该根据不同的情况进行合理运用。

第五节　城市滨水区景观设计

一、城市滨水区的概念与构成

（一）相关概念界定

1. 城市水系

城市水系是城市景观的重要组成部分，它是由城市范围内的湿地、河流、湖库以及其他水体共同构成的水域系统，相对于自然状态的乡村水系，更趋向于人工化。城市水系通常是借助于人力或者机械进行开挖而形成的，各水系之间脉络相通。城市水系具有方向感、边缘性、生态性、开放性等特征。从景观的角度来看，城市水系景观主要是自然景观，城市水系不仅发挥着重要的生态功能如栖息地、屏障和过滤等，还是重要的生态廊道之一。城市水系的这些特征，体现了城市景观的丰富多样性。

2. 城市滨水区

城市滨水区是位于城市区域水系的滨水空间，是城市陆域与水域相连的特定区域的总称。城市滨水区的范围目前尚没有准确的理论，范围界定一般受到水系的自然宽度、水系的周边规划以及气候条件、地形地貌、发展程度等多种因素的影响。所以，要按照项目的具体情况来对滨水区的范围进行界定。

城市滨水区相较于自然和乡村滨水区，最大的特点是与人的联系更为密切，具有较多的人工改造特征。城市滨水区既是陆域的边缘又是水域的边缘，包括一定的陆地空间和水体空间，靠近陆域边缘的陆地空间，有着丰富的城市特色与内涵；靠近水域边缘的水体空间，具有一定的生态自然性，是自然生态与人工系统的融合。在滨水区的开发中，景观设计者通过自然与人工设计，建设休闲、游憩、环境优美的滨水环境，以期带动城市的发展。

3. 城市滨水景观

城市滨水景观属于城市景观的一部分。滨水景观中的水体不仅包括自然水体，而且也包括大型的人工水体。景观设计师也经常用城市滨河两岸的植物景观来进行造景，以体现城市滨水景观的多样性，促进人与自然的亲密性，从而提升城市形象。

（二）城市滨水区的构成

1. 空间构成形式

城市滨水区主要分为三个部分：水域、水际线、陆域。这三个空间各有各的特点与表现形式。

（1）水域

水域是城市滨水区的关键组成部分之一。它的有别于城市中其他区域的独特物质性，造就了它具有调节气候、展现城市文化内涵、展现自然生态、可塑性等功能。

（2）水际线

水际线是城市滨水区独特的界面，用于塑造水体形状，其主要构成形式是堤岸。

水际线不仅是河床的延伸，随着水文的状况而变化，而且也是防洪、安全等重要的工程建设区域，所以必须要对其进行合理科学的规划。相对于城市中的人工水体来说，堤岸具有防洪、防涝、交通运输等功能，在开发与整治后具有人工特点。

（3）陆域

陆域是滨水空间到城市空间的过渡。陆域会有大量的绿化覆盖，同时还有不同的景观基础设施，如道路、广场、文化展示区、景观小品等。这些景观基础设施主要服务于居民和游客。陆域是人流的主要活动区域，同时对城市空间有很大的影响。

除了上述空间之外，城市滨水区的天际线可以构成城市的象征性景观标志，能够体现城市意象。例如，上海浦东的滨水天际线——东方明珠电视塔，以 468 米的高度、独特的造型成为上海的视觉中心，站在外远望，它与周边的建筑错落有致，具有强烈的视觉冲击力，因而成为上海的地标性建筑。

2. 景观构成要素

（1）自然景观要素

①地形地貌。城市滨水区景观一般是建立在地形地貌的基础上的。地形地貌主要有三个类型：平原、丘陵、结合型。较多滨水区建立在平原的地形上，由于地形平坦，在景观建设中较为便利，最终展现开阔的景观效果；在丘陵上建设的滨水区，虽然在景观建设上不太便利，但它所营造的景观效果却别有一番趣味；结合型的滨水区，大部分以沿海沿江的平原为主，以山体作为背景，融入整个城市滨水区的景观规划中，形成绝妙的天际线效果。

②水体。水体是城市滨水区的主要景观要素。在各季节和各地形下，水体会显现出不同的形态，有时平静，有时波涛起伏，会使人产生不同的感受。自然水体所展现的景观有它的独特性，人们也可以在水上进行娱乐活动，如游泳、划船、冲浪、赛艇等。同时水体在不同的河流区段有不同的功能和作用：上游地带具有涵养水源生态的功能；中游地段具有通风、休闲的功能；下游地段能够排水，可以起到消污作用。

③生物。城市滨水区生物主要包括地上的、水中的、空中的植物和动物，生态系统联系紧密，生物所形成的四季景观、群落以及从水生到旱生的物种过渡，体现了城市滨水区生物的多样性，给滨水生态系统增添了生命力，体现了生物链的完整性，同时也使人们在赏鱼、赏燕、观景中感受到了自然的乐趣。

④气候。城市滨水区与陆地的垫面性质不同，因此城市滨水区的上空容易产生与城市其他区域不同的空气环流，称为河谷风，它有利于改善城市的小气候。

（2）人工景观要素

由于城市化的进程，自然型滨水景观已无法再满足城市对功能的众多需求，因此景观设计师不得不对其进行人工改造，以此来实现有限公共资源的合理配置与和谐共享，进而促进城市发展。

①建筑。城市滨水区已有建筑代表了地方特色，属于历史遗留建筑，比如遗留下来的桥梁，自身具有美学与研究价值，在规划中应进行保留与更新。建筑是城市滨水区的展示区，同时体现城市的特色，在新建建筑的设计中不但要合理组织大体量天际轮廓线，而且要细部推敲，并体现出层次韵律感，达到远、中、近景的不同效果，形成协调、特色鲜明的建筑，以体现城市特色。

②道路。滨水区的道路主要体现在滨水空间的外部、内部、水上三个方面。滨水区的外部道路在规划时应注意结合水体的实际状况，特别要注意巴士站、

停车场设置和人员疏散的情况，不仅要保留交通功能，还要使其本身成为滨水区的视觉走廊，加强与城市交通的联系，保证城市滨水区的完整性；内部道路在设计时应遵循人车系统的设计规范，机动车道一般设置在外部，宽度为3.5～6 m，无障碍坡度一般控制在6%以内，游步道一般为1.2～3 m，以曲线形式较多；水上交通分为机动船游览路线和非机动船游览路线，其设计要求应能够让人们体验到亲水的乐趣，并能观赏城市美景。

③驳岸。驳岸是水陆的交界线，同时也是人从陆地到水域的必然经过线。驳岸的设计不仅对滨水区的开发有重要意义，同时也决定了滨水区是否能够吸引更多的人流，成为人们喜欢的空间。驳岸分为人工和自然两种形式。

④景观小品。景观小品是城市滨水区景观设计中不可缺少的景观元素，它不仅体现了设计美、艺术性，同时又具有一定的向导性与趣味性。有的景观小品也能够起到组织空间的作用。在景观小品的设计中，景观设计师应充分了解城市文化、特色建筑、民俗等，提取有特色的元素进行设计，以保持景观的整体性，体现城市的文化底蕴。

⑤广场。广场是城市滨水区的基础设施，广场根据地理位置和当地民俗特点设计而成，能够为居民和游客提供具有文化韵味的活动空间。

（3）人文景观要素

人文景观要素主要以城市的历史文化与地域文化为主要内容，同时也包含新的科技活动、工业活动、节日文化活动、教育观光活动等。

二、城市滨水区景观设计原则

从城市滨水区的发展来看，它渐渐地从运输功能向旅游休憩功能转变（如温瑞塘河），成为一个城市的特色景观区。在滨水区景观的设计中，景观设计师需要利用水体、植物、人工建筑等依据设计原理进行造景。滨水区景观设计既要符合城市地域性特征，又要满足广大市民对滨水区景观趣味性和多样性的审美需求。

（一）安全性原则

滨水区是人与自然、人与生态亲密接触的地区，是城市的生态走廊，设计时应首先考虑其安全性，要使其具备防洪功能。例如，在设计瑞安的外滩时，应先防止飞云江江水的倒灌，然后才能去考虑它的其他功能。

（二）以人为本原则

城市滨水景观最主要的功能是为了服务群众，满足人们的日常生活，所以在对城市滨水区进行设计规划时应该更多地考虑人文气息，积极地了解人们的需求，在此基础上融入一些与人们生活息息相关的元素，这样才能使人们在轻松愉悦的氛围中去观赏滨水景观。

三、城市滨水区景观设计特色

（一）延续传统文化

滨水区景观在城市中具有较大的价值，能够很好地重塑城市的特征，尤其是存在一定特色的公共空间，更可以提升景观性能的多样化。例如，西溪国家湿地公园坐落于浙江省杭州市区西部，离杭州主城区武林门只有 6 km，距西湖仅 5 km。该项目就是比较典型的城市滨水景观区。该项目的景观设计方案具有以下特点：根据当地的地域文化特色，借助地区长久的历史文化底蕴，构建历史文化景观，通过巧妙的设计融合现代和传统两种不同的园林水景风格，既保留了原有的文化，又丰富了滨水区的现代景观，形成新旧交融的设计特色，使城市滨水区的景观更加具有动感和厚重；在设计和开发中尽量保持了原有的景观风格和场地空间格局，然后进行了适当的改进，以确保功能的完善和景观效果。这种设计方案使人们能够充分领略当地浓厚的文化，深受大众的喜爱和追捧，能促进本地旅游业的发展和文化的传播。

（二）增加视觉效果

崇尚自然和生态是当今世界的主题。在规划和建设滨水景观时，应在维持原有生态环境的基础上，对滨水地区的环境资源进行深入挖掘与充分运用。设计师需运用景观生态学原理来模拟天然的绿色基底和自然的水生廊道，并利用自然式植物组团来创造自然生态和多样化的群落组团。自然生态的群落能维护地域的生物多样性，净化水体，实现可持续的景观发展，完善城市生态功能。从植物设计的方面出发，有必要使用各种富含香味的植物或花卉提供适当的嗅觉惊喜，也可以通过植物的布局吸引昆虫和鸟类，产生自然的声音，如此便可更好地满足人们对滨水景观的需求，增加游人多层次的感官体验。

（三）提高城市的人性化

人是滨水景观的设计、制造者，也是滨水景观的使用者，滨水景观最终是要为人服务的。西溪湿地拥有美丽的水域，兼具了生态旅游、创意农业、乡村休闲等功能。在设计城市滨水区的景观空间时，应尽量减少人工景观的建设，如人工化的亭台楼阁和岩石喷泉，并更多地去拓宽自然景观和绿色空间的竖向空间。在布局中，应避免单一物种的植物整齐划一的排列形式，要以自然植物群落为依据，合理选择配置植物，做到“师法自然”，力求创造一个自然、生态的滨水景观。在滨水景观的功能方面，应注重实用性。首先，道路的设计必须合理，自然保护区的滨水区和城市的其他公共区域必须合理地连接和过渡；其次，可结合园路布置适当亲水平台，充分满足人类的亲水、渴望回归自然的生活和精神需求；最后，为方便游人进行休憩和休闲活动，有必要在景观中设置休憩设施、自行车停靠设施等。

城市滨水景观则是利用城市的滨水领域进行开发的景观，城市滨水景观的开发应在充分利用大自然资源的基础上，全面地将人工制造的景观以及当地自然景观进行完美的融合，最终形成一个和谐的城市景观。所以，城市建设规划部门应更加重视对城市滨水区景观的规划设计，以实现其功能最大化，促进城市建设的进一步发展。

第六节　城市商务区景观设计

一、城市商务区景观的功能与需求

（一）功能与需求

空间是自然最本质的存在形式，这也是建筑之所以存在的意义，是一切规划工作的出发点与落脚点。人作为空间的主要服务对象，满足人的需求将成为空间景观设计的重要方向。城市商务区空间作为城市公共空间的一种重要组成形式，它承担着一个城市的信息处理、经济决策等场所的重要职能，同时向使用者传递各种生活体验，与使用人群产生较高的关联程度。

城市商务区空间景观功能的完善是整个商务区发展活力的重要保障之一，同时也是整个城市规划中的一个重要组成部分，对城市和区域整体持续、协调发展起到促进作用。对于商务区空间景观的功能规划，应当在城市公共空间景观基本特征的基础上进行分析，将人的使用需求融入规划当中，以区域使用人群的社会需求为立足点，依据景观生态学、环境心理学、环境行为学等理论，将空间景观的功能与区域需求联系起来。

（二）行为需求分析

1. 环境行为学基本理论

行为是为了满足一定的目的和欲望而采取的过渡行动状态，人的行为是受自身的思想即心理活动所支配的，而行为既包括内在蕴含的动机情绪也包括外在显现的动作表现。环境行为学就是研究城市、建筑及空间环境与人的外显行为之间的关系与相互作用的学科。

因此，从环境行为学的角度出发，空间景观设计应当对人的行为需求做出敏捷的反应。虽然人的行为看起来好像是受个人意志所支配的无规律行动，但由于社会生活本身就是不同个人行为的集合，因此，将特定空间使用人群作为一个整体研究对象时就会发现群体的固有特性，这些特性会受社会制度、风俗习惯、城市形态及空间构成等因素的影响，一面墙壁、一张座椅、一根柱子都能成为诱发某种大众行为的因素。

2. 流动及分布特性

人的活动状态可按照人在空间中的活动类型分为流动状态和停留状态，而流动状态又可分为目的性移动和非目的性移动。

（1）流动状态

①目的性移动。在目的性移动的过程中，人的移动时间、方向、路径通常是相对固定的，一般在空间上会选择到达目的地用时最短的移动路径。人在空间中呈线性分布，且人的移动路径多为固定点之间的最短直线。发生在城市商务办公区空间内的这种移动通常以通勤为目的，人群移动轨迹多为从停车场、公交站点、地铁站出口等位置到办公建筑内部的最短路径。所以，在规划设计中应将使用人群这一移动行为需求与道路设计相结合，以保障周边交通设施与办公建筑的通达性。

②非目的性移动。最短路线原则并不适用于非目的性移动，这类移动的随机性较大，速度慢，移动方向、路径没有一定的选择。人在空间中也呈线性分布，但人群分布受空间道路规划和空间内容体验的影响较大。在城市商务区办公空间中，非目的性移动类型多以休闲、观景为移动目的，针对不同年龄、性别、天气等因素，移动路线不尽相同。空间道路的引导性和空间景观的节奏感成为针对这一行为需求的设计重点。

（2）停留状态

在停留状态中，人的行为目的多为等待、休息、娱乐、参观等，人在空间中多呈点状分布，受空间规划布局影响较大。而这一状态又可分为短暂停留和长停留，前者多为发生在广场、公交站点内的短时间等待停留，而后者则多为功能性停留，如儿童在儿童娱乐区长时间玩耍等。

3. 空间与尺度

（1）拥挤与密度

在城市中，集中的环境是典型的城市空间构成形式，空间的集中可以带来方便和舒适的活动，并使生活的节奏紧凑且丰富。空间和空间中的人数共同构成密度，但这里所说的密度却并不是一个简单的物理量，而是指个人的一种主观反映，反映的是本身受空间封闭程度和空间活动内容等因素的影响。拥挤感是密度、活动内容、情境因素和个人特质相互作用的结果，是通过人的认知机能使人感到压力的状态。心理学调查发现，人置身于拥挤的环境之中时，会产生一系列生理和心理的变化，如血压升高、失去控制等。

认知心理学家埃文斯（Evans）的实验证明，长期处于拥挤空间中的人在从事较为复杂的作业时效率会明显下降，而在社会交往方面也会出现不合作、回避、审美力下降等消极表现。虽然在空间体验中，当使用者感到拥挤时，最简单的方法就是提供更多的空间，但城市公共空间的处理受场地制约严重，且使用者的主观感受还受性别、情景类型、文化差异等因素的影响。因此，在城市商务空间的景观设计中，为避免高密度空间给使用者带来消极影响，可以尝试采用特定的设计手法或对空间进行再调整的方法来缓解拥挤带来的压力。

（2）交流与尺度

在各种交往与活动的场合中，空间感知主要有视觉、听觉、触觉、嗅觉等带来的认知感受，其中视觉是主要认知来源。在视觉感知中，空间中的距离与尺度对感知结果有着相当重要的影响。在视觉感知中，在大于 100m 的距离，可以完成分辨人群、大体量建筑物等感知内容，人群和建筑物都是以整体的形式存在的；在 70 ～ 100m 的距离，可以分辨出感知内容的数量，但不能准确感知内容细节；在 20 ～ 30m 的距离，能准确感知其他人或空间构筑物的细节并完成观赏活动；在 1 ～ 4 m 的距离，则能感知人或构筑物的全部细节，并能完成人与人之间的有意义的社会交往。在《隐匿的尺度》一书中，美国人类学家霍尔（Edward T.Hall）又将 1 ～ 4 m 的空间尺度分为了 0 ～ 0.45m 的亲近距离、

0.45 ～ 1.3m 的个人距离、1.30 ～ 3.75m 的社会距离及大于 3.75m 的公共距离，且不同的距离会影响交流的内容。

因此，在城市商务办公空间景观的规划和布局中，空间的尺度适中能让人深刻细腻地体会到城市和空间的亲切宜人，对空间尺度的研究实际上是对人类感知范围和感知方式的研究。将使用者的感知与空间布局规划联系起来是提高空间实用性的一个重要的先决条件。

4. 习惯性行为

在日常生活中，人们往往带有各自的行为习惯，但将同一空间内的人群看成一个整体来研究时，习惯性行为则有着群体性表现。

（1）右侧通行与左转弯

受《中华人民共和国道路交通安全法》的约束，我国的交通采用的是右侧通行的原则，这一原则不仅对机动车和非机动车产生了约束，同样也对我们的空间步行移动产生了影响。当路面密度在 0.3 人 /m^2 以上时，我们会发现，此时的人群会自动沿道路中线按照行进方向采取靠右侧通行，而即便是单独步行或是乘坐自动扶梯等移动工具时，也往往会遵守这一原则。

我们在观察棒球、速度滑冰等比赛时不难发现，体育比赛跑道的方向通常是向左侧转弯，而这种情况同样也出现在了用于安全疏散的楼梯设计中。探究其原因，则是惯用右手的人占绝大多数，当人身处无标识空间中惯用右手的人会本能倾向于左转弯以保护比较弱的左半身。在空间的规划与设计中，应当结合人群的这一行为习惯，合理安排交通流线方向、空间景观的观赏方向及空间基础设施的摆放位置等。

（2）抄近路

人们在清楚地知道目的地位置时或进行目的性移动时，会倾向于选择最短的路程，即使是在必须绕开空间障碍物的情况下依旧会选择尽可能地不偏离目标方向。而人们对于最短距离的选择过于强烈时便会发生抄近路的行为，如道路规划不合理时人们有时就会选择抄近路，景观的破坏往往伴随这一行为而产生。所以，在设计时应当有所预见并规划出合理的道路体系，在保证通达性的基础上对人流进行有意识的空间引导。在引导的过程中，如果需要设置阻挡物来规范人流活动路线时，应充分考虑阻挡强度、人流密度、临近环境等相关因素。

（三）心理需求分析

1. 环境心理学

环境心理学是一门研究环境与人的心理和行为之间关系的学科。它的研究方向是个体行为与其所处环境之间的相互关系，即用心理学的方法解释人在特定环境中的行为模式及环境如何适应人的需求。将环境心理学应用于空间景观的设计中是为了能够更好地协调空间设计中所涉及的功能准则与美学准则，这一点对设计成果的使用者而言，非常重要。

2. 使用人群分析

（1）商务区办公人员

办公人员是商务办公区空间景观的主要使用群体，他们在城市中大多扮演着服务者的角色。随着社会的发展，这一群体承担了高效率高创造性的工作，这一工作特点也使得他们需要比其他从业人群获得更多的交流和情绪的舒缓。舒缓开阔的释放、安静悠闲的交流、流畅的团体运动无疑是一个高质量商务区办公空间的原则性功能。同时，一个高质量的办公区空间景观能够成为激发思维潜能、提高创新高度、促进工作效率的良好条件；一个具有认同感、归属感与愉悦感的环境又是员工获得自我价值认可与尊重感的良好途径。

（2）城市居民

城市商务区办公空间景观是城市公共空间建设的一部分，城市居民对于城市商务区办公空间景观的使用需求主要体现在休闲空间和绿化方面。在城市居民的直接空间体验中，商务区办公空间扮演的是城市街心公园的城市角色，是市民的休闲娱乐场所。而根据这一使用需求，使用人群的使用时间有着相对固定的时间区间，即使用高峰集中在休息日和工作日夜晚，且受天气制约较大。因此，高质量的休闲娱乐内容和灯光效果能够更好地满足这一使用群体的心理使用需求。

（3）旅游参观者

旅游参观者对于商务办公区空间景观的使用主要体现为在城市公共空间中进行参观、游玩、拍照等活动，与前两种适用人群相比，他们的固定停留时间较短，因此其使用需求更偏向于得到良好的视觉体验。而城市商务办公区空间景观的良好视觉性既体现在空间的审美视觉需求上，也体现在景观与环境的契合度及展示的个性化视觉需求上。

二、城市商务区景观的设计原则

（一）功能性原则

美国著名景观地理学家杰克逊在《自然地模仿》中曾总结过：“作为一种人造环境，每个城市都有要实现的功能：它必须是一个公正而有效的社会机构；它必须是一个有益生物健康的栖息地和它必须是一个给人以持续满意的美感体验之地。”

在城市空间景观设计的理论建构中，满足空间的功能性原则是城市实现“公正而有效”的基础要求。特别是针对城市商务区的空间景观用地来说，因为特殊的环境因素，多数基地都存在场地狭小和空间拥挤的情况，这就意味更多的空间功能需求附加在了更小的空间范围上。因此，城市商务办公区空间景观的设计，大到各个功能区的空间划分，小到景观小品的细节设计都应该依托于功能性原则。不同于其他类型的城市空间，城市商务区空间景观的功能需求更具有多元化、多层次的特点。

1. 企业文化的展示空间

城市的商务区空间形象往往是一个城市经济发展面貌的缩影。这一类城市空间多数呈现向心集中的趋势，而在这种趋势下组合而成的企业大多是“物以类聚”。这也就是说，聚集在城市商务办公区的企业必定是以第三产业为主的企业类型，而且在一些特定的范围内企业的经营内容也会很相似，比如北京的中关村、美国的华尔街等。所以，在空间内集中体现一个或者一类企业的文化特色会使空间更具有名片化效应。

2. 办公人员的情绪调节空间

一个成功的城市商务区空间的景观设计应该能满足办公区内的职员对交往、休憩、娱乐等功能的需求，从而为高脑力强度工作的人们带来情绪上的调节与放松。众所周知，高强度压力带来的负面情绪会让人对情景的消极方面产生过多的关注，而过多的沉浸则经常是临床抑郁的前兆。负面情绪的“反应关注”成了城市商务区空间景观设计的题中应有之义。

研究表明，中等强度的体育锻炼过后身体会更倾向于放松，能够降低肾上腺对压力的反应从而减少紧张及交感神经系统活动，而放松能降低肌肉紧张度和自主唤醒水平。那么，在空间景观的规划和设计中，合理地布置一些运动空间和提供放松目的的冥想空间就显得尤其重要了。

3. 周边居住区绿地的补充空间

与多数欧美国家不同，我国现代城市住宅建设中普遍存在的是中、高密度住宅，这种居住模式往往容易造成居住绿地的面积狭小、功能单一、趣味性低等空间景观问题。作为一个城市，各个空间类型的区别分工虽然是重要的规划基础，但不同性质的公共空间的功能渗透和使用共享才是缓解一系列城市问题的可行办法。同时，城市商务办公空间内的使用主体虽然是区域内的办公人员，但办公人员的使用具有严格的时间限制，这也为城市居住空间与城市商务办公空间的补充发展提供了可能和条件。

（二）互动性原则

随着我国城市化的发展，我国的城市建设日新月异，城市景观也呈现出一派争奇斗艳的繁荣景象。这种局面在一定程度上促进了我国城市景观建设行业的发展，但是，过快的发展也往往会产生一些负面的影响，在城市景观设计方面突出的表现就是过度的形式化和归属感的缺失。在这种负面影响下，城市景观设计往往只注重美学原则、构图要素，使城市空间景观呈现出形式化、无辨识性、僵硬化的结果。许多市民在感叹城市建设的发展之余却总是能对自己居住的城市萌生出一种距离感甚至是陌生感。过于沉浸在形式美的景观设计者或许已经忘记，人才是城市的重要组成部分，是城市景观设计的第一要素，人与空间景观的交互活动才是城市空间景观乐趣和生机的来源。所以，城市空间景观设计不能仅仅停留在给予观赏者审美的愉悦感上，而是要通过城市空间景观的塑造来影响使用者的内心状态和行为模式，引导使用者对城市的需求向更高层次发展。

（三）差异性原则

景观差异性包括相同性质的空间景观在不同城市不同地区的差异性和同一城市同一地区不同类型的空间景观的差异性两个层次。景观的差异性是空间可辨识性的基础，也是我们所强调的空间景观多样化的设计着手点。景观差异性在不同城市的表现，需要城市空间景观的设计充分结合景观所属的地域文化和城市特有的精神面貌。同时，城市空间景观的设计还需要适应当地的风俗习惯，秉承城市特有的文化发展脉络，以利于在空间内便于开展具有地方特色的活动，增强空间的吸引力和标志性；突出地方的建筑和园林建设特点，在选择建筑材质、建筑风格、园林植物等元素时应尽量凸显当地特色，强化区域的地理特征，适应当地自然条件。面对同一区域的不同类型空间时，空间景观的设计应有利于强调空间的性质，明确空间的具体城市功能。

（四）建立良好环境刺激原则

在 20 世纪 20 年代，以华生为代表的心理学家就通过条件情绪反应实验证明，情绪和行为反应可以通过条件反射而产生。将这一心理学经典实验应用于城市空间景观的设计中，可以为人与景观的良性互动模式开启一个新的思路。将景观的物质载体与使用者的感知和内心层面用良好的视觉、嗅觉、触觉、使用等方面的体验连接起来，目的是让使用者的情绪和行为反应可以通过空间景观这一条件而产生良好的反射效应。

第七节　城市校园景观设计

一、校园景观的构成要素

校园景观是指由建筑物、大门、道路、广场、小品、绿植、标识系统、水系、公共设施、雕塑等构成的一个有机、统一的整体。校园景观的构成要素主要包括绿地系统、活动场地、交通道路、植物、公共设施等。

①绿地系统。校园绿地系统可分为公共绿地、组团绿地以及楼间绿地等。绿地系统的加持，不仅为师生创造了良好的学习生活环境，而且还为整个校园景观环境增加了生气。

②活动场地。活动场地也可以成为交往空间，其主要功能就是为师生提供交流、玩乐或者休憩的空间。

③交通道路。交通道路具有连接、导向的作用，是连接学生通往学校各个空间的纽带。在设计时，应注意其尺寸、无障碍设计、铺装材质等。

④植物。植物不仅是丰富校园空间层次最好的手段，而且也是人生存环境不可或缺的一部分。良好的植物景观具有提升空间、改善微气候等作用。

⑤公共设施。座椅、垃圾箱、广告牌等都属于公共设施，校园景观设施是否完善往往代表着校园人性化程度的高低。

二、校园建筑与景观的适配性设计

（一）整体规划设计

1. 联系观的整体规划思想

联系是事物之间或事物内部诸要素之间相互影响、相互作用和相互制约的关系。联系具有普遍性、客观性。如果把校园比作一个整体的话，校园内的建筑和景观就是整体中两个不同的部分。在研究校园内建筑和景观的关系时，要分析事物的固有联系和条件，一切以时间和地点条件为转移。校园规划工作需要进行整体的、长期的思考。校园布局不仅要本着重视传承与认清现实、让局部与整体相统一的原则，而且还要考虑使用人群的需求，以及对时代发展和学校发展的预期，这样才能保证高校建筑空间、环境与教育模式的发展变化相适应。

以往的校园规划带着美好的设想，但它是孤立的，单一的。建筑师往往仅从建筑设计的角度考虑或者景观设计师仅从单一的景观角度考虑校园规划，两者几乎是割裂的、没有对话的，所以才会导致景观和建筑不协调、单体建筑与整体规划不统一、校园各功能区块间景观不融合等一系列问题。这些问题的存在和解决离不开建筑师与景观设计师的共同努力，应用联系的观点考虑问题，朝着学科交叉研究和提高两者适配度的方向进步。同时，景观设计师还应带着发展的眼光看问题。可以说校园建设总是在发展变化的，校园不是一成不变的，它的建设也永远没有终点。所以，在建设中，对规划留有相对的弹性空间是十分有必要的。

构建完整的景观体系是整体校园规划的重要内容之一，它包括确定校园的主要景观轴线以及主要景观节点之间的关系。景观环境因使用功能的差别而呈现出不同的特征，例如，以学习为主的景观环境具有安静的学术气氛，以生活为主的景观环境则体现舒适宜人的气氛。因此，景观设计师在构建校园景观体系时应通过景观周边建筑的定位及功能，确定主要人群及其主要的活动类型和心理需求，并应本着整体统一的原则，从联系与发展的角度出发，最终做出理性而正确的决策。

2. 生态可持续的发展观念

人类生存的环境需要考虑环境的可持续性，校园作为广大师生在校期间生活、学习、工作的客观环境也是如此。生态的本质是人与自然的和谐发展。作为人类生产和生活的主要活动空间，建筑在设计和施工过程中需要全面地考虑生态可持续性因素。在改善人类生产和生活条件的同时，设计师应当把目光更多地放在如何提高建筑质量、保护环境、节约资源上面，形状、体积、大小、比例、颜色、材料等形式的连续设计不仅是视觉的整体再现，更是视觉之间的沟通。人的行为在空间上具有移动性和通达性，其视觉感官也在空间上具有通透性和呼应性，这就要求校园景观的设计师应本着以人为本的理念，从人的视角出发，对现有空间加以整合与利用。与此同时，校园整体空间环境设计的精神赋予与表现形式，同样需要将生态可持续的发展观念融入其中，要注重自然环境价值的保存与提升。

3. 多中心聚合的布局方式

在对校园景观设计案例的调研和评析中，校园规划总体布局可以分为以下三种：辐射型布局、分区型布局及组团型布局。辐射型布局是一种将校园核心教学区作为功能分区的核心，向四周呈现出放射状的布局方式，虽可节约用地但不利于校园扩建。分区型布局是一种按照教学、生活、运动等对校园空间进行明确的功能区划分的布局方式。从一方面来说，这种布局方式分区明确，减少了流线交叉，并有利于校园统一管理，因此具有一定的普及性及可行性，但从另一方面来说，这种按照功能划片区的规划理念也对师生的学习、生活造成了一定程度的分裂，使得师生们在使用过程中需要穿越多个功能区才可以到达生活区或教学区。由此可见，过于明确的校园功能区划分会导致出现校内上下课高峰期间联系教学区和宿舍区的交通要道堵塞、难以到达、缺乏联系等众多问题。组团型布局是一种新的功能划分方式，该方式不再以系为单位进行划分，而是把各个相近专业的科系聚集在一起，形成学院。在这种布局方式下，教学区不再集中布置，而是分散成各个单元体，这种布局方式使得每个单元体都能独立运转，资源平均分配，同时利于扩建。

（二）道路系统设计

1. 校内交通系统

美国著名的城市规划师简·雅格布在《美国大城市的死与生》中说道：“当你想到一个城市时，你脑海中最先想到的是什么？是街道。”道路作为人们到达另一个地方的必经之地，不可回避。在到达目的地之前，所有在校的人员，都是通过在校园的道路和沿途的景色来感知、认识校园的。所以，怎样设计交通系统对于人们观察、了解校园以及形成对校园形象个性的整体印象都十分重要。

在设计校园交通系统时，可以通过增加一些等级较低的校内支路，得以连接原有的校园道路，提高交通的通达性和交通容量，以避免拥塞损坏学校形象。由于学校的主要使用人群为在校师生，他们的日常生活和学习方式注定会使校园道路的高峰流量存在规律的时段性和流向单一性。所以，在规划设计校园交通系统的过程中，必须要将其列入道路交通设计考虑的范畴。

（1）动态交通状态

①步行。道路是空间规划的骨架，步行道路将各个空间节点，如广场、绿地、图书馆、宿舍等进行有机联系。校园景观设计师一般通过步行区域、步行道系统和局部步行道三个层次对校园步行交通系统进行规划设计，从而为在校师生提供便捷、有效的交通线路。

路径是美国城市规划理论家凯文·林奇（Kevin Lynch）在《城市意象》中提到的城市空间“意象”的五种元素之一。大学作为社会的实验室，路径对校园空间同样适用。行人可以通过路径的穿越来感知周围空间，得到对场所的最直观的体验。人们的穿越活动发生频率最高的地方莫过于道路与广场。道路与广场在为使用者提供穿越活动的同时，也常常作为校园景观环境的一种受到人们的喜爱。广场一般是人们聚集、交流的场所，可以容纳较多的人数。广场周边石凳木椅的设置往往能给人们提供良好的停留空间，增加校园景观的多样性。但要注意的是不能为增加多样性而盲目布置室外座椅，因为这不仅会使广场的完整性遭到破坏，而且还可能因为没有考虑人们渴望私密、安全的心理需求而影响人们在停留空间的休息体验。在进行广场景观设计时，除了要确保公共空间可以容纳多种活动外，还需考虑彼此之间不互相干扰。

②自行车流。在共享经济蓬勃发展的今天，几乎在城市的各个角落都能看到共享单车的身影，在校园更是随处可见。共享单车作为一种分时租赁模式，为校园内师生提供了便捷的自行车共享服务，在很大程度上提高了自行车的使用频率。自行车方便、经济又环保，是值得提倡的一种交通工具。但它也容易普及，会逐渐簇拥在校园内，造成交通拥塞。所以，建设完整的城市绿道，修建单独的自行车道，并与步行道路分开，是十分有必要的。自行车道的设计要点：第一，便捷性，人都有走捷径的心理趋向，为避免学生抄近道而影响交通疏散的情况发生，在校园自行车道的选择上应选择两点之间的最短距离；第二，应结合学校环境与公共空间设计原则，以及学校建筑的整体风格，设置足够的自行车棚，避免自行车随意停放而破坏校园内的整体景观。

③机动车流。由于近年来机动车纷纷进入校园，给校内师生的人身安全带来一定的隐患。尤其是近年来随着高校旅游业的发展，更是使原本用地紧张的校园面临逐年增长的交通压力。虽然说高校旅游业的发展是社会资源公共化的产物，也是大学职能转变的必然趋势，但是这无疑给校园机动车道路规划带来了一大难题。为了师生的生命安全和日常出行，学校一定要改善这种情况，比如，可以通过在校园外设置机动车交通环线，与人行道路形成人车分流。

校园内的机动车流可分为校外车流和校内车流两种。设置的原则应该是“可达、方便、迅捷”，对于校外车可以就近停车于校门附近停车场及机动车道的停车区域。校内为外来访客设置专门的临时停车场。后勤使用的货运车应避开人流密集的教学中心区、生活区，并应设计单独的出入口。

人车混流、人车部分分流以及人车完全分流是目前我国校园规划中最常见的三种人车组织方式。总的来说，我国传统高校都是建于几十年前，当时的生活水平和科技水平较低，机动车，甚至自行车都还是稀缺资源，校园交通的规划主要考虑以人行为主。而现在有车人群的数量增加，导致校园用地进一步紧张。三种方式可以根据各个学校的实际情况灵活选择，并没有绝对的孰优孰劣之分。

对于当前普遍存在于传统校园的人车冲突问题，主要原因是原本规划设计的道路已不能适应现今的交通状况。解决的方法是采用以自行车交通和校园公交系统为辅，配合以步行为主的交通方式，通过人车局部分流的方式保障行人优先，与此同时适当发展校内机动车交通。

（2）静态交通形态

①地面停车。为方便步行和自行车、机动车交通方式之间的转换，应结合建筑物周边、步行区域出入口、校园出入口以及环形干道设置地面停车场地。

②地下或半地下停车。从提高空间的利用率和保持校园环境的整洁、宽敞、舒适的角度出发，一般建议把停车场地设置为地下或半地下式，这也是现在被广泛采用的方式。校园交通规划设计师可以效仿社会上的商场和住宅区，如根据具体的地形，在学生宿舍或者教学楼下面设置架空空间作为停车场。这样的设计既能够解决停车的需要，又能够结合建筑本身进行造型，不影响整体风格和外形美观。由于当今校园用地十分紧张，因此校园交通规划设计师应当努力发展这种模式以缓解用地紧张的情况。

2. 外部交通组织

校园交通与城市交通系统的联系是校园外部交通的主要内容。校园与城市的关系可以大致划分为以下几种模式。第一种，郊区模式。校园位于城市的郊区，与城市的中心保持不太远又不太近的距离，既不缺乏联系，又能够有较大空间可以为将来的发展预留。第二种，与市区相融合模式。学校建设在城市之中，与市区建设相互渗透融合，校园成为城市的一部分，没有明显的界线，如清华大学、北京大学、武汉大学等。第三种，远离市区模式。学校离城市中心有较远的距离，并且有明显的界线，校园环境安静优雅，犹如世外桃源。

大学作为城市的一部分，必然与城市保持着密切的联系。这种联系不仅仅体现在物质空间结构上，还体现在非物质空间的联系上。同时，校园与城市的联系并非单向的联系，而是具有整体性的双向联系。现代校园不断在空间结构、社会功能等方面与城市系统有着密切的联系。校园交通系统作为城市交通系统的一部分，也通过多种方式与城市交通系统相连接。校园交通系统应当合理设计出入口和校前区。

（三）校园景观设计

1. 植物搭配优化设计

植物是校园景观构成要素中富有活力的生命元素，其形式多样的搭配组合营造了校园景观的主体，为校园内的建筑提供了绿意和生机。植物按照其观赏器官的不同，分为观叶植物、观花植物、观果植物和观芽植物。其中，单色叶类植物作为观叶植物的一种又分不同的色系：红色系、黄色系、绿色系、灰色系和多色系。俗话说“巧妇难为无米之炊”，由此可见，校园植物种类的多样性是营造丰富校园景观的基本前提，而乔木、灌木、地被植物的搭配使用是营造丰富空间的常用手法。这一手法从使用人群的观赏角度出发，综合考虑植物的外形、高度、疏密，尽最大可能在人的视野范围内打造植物配置的空间效果，从而实现校园植物搭配的优化设计。

在进行植物搭配时，应讲究搭配组合的科学性，应对树木的特性进行充分了解，如分析该植物是常绿植物还是落叶植物，一年四季中有多少种形态及颜色变化，是欣赏叶子，还是欣赏枝干，是喜阴植物还是喜阳植物？背离植物生长习性等客观规律的搭配方式是不符合生态可持续发展的设计原则的。植物营造是一个长年累月的过程，绝不是种植施工完毕后可以一蹴而就的。如果不考虑植物搭配的科学性，必然导致植物长势不佳，影响观赏效果和景观营造，最终影响建筑与景观的适配效果。

2. 活动空间优化设计

校园景观除了具有优美惬意的观赏价值外，还为使用人群提供休息、交流、散步、阅读、游玩等功能价值，以满足在校师生的日常活动需求。这里所说的校园景观不再是宏观层面的总体景观环境，而是与人的尺度息息相关的小尺度景观空间，可以简单理解为“建筑小环境”。一般来说，小环境内有小坐的空间、行走的空间、聆听的空间、注目的空间。试想一下，当一阵欢快的下课铃声响起，同学们从教学楼纷纷涌出，来到校园景观场地中，有些同学原本由于科研压力焦躁不安，却在舒缓的景观环境中抚平心境，有些同学之间原本产生了各种矛盾，能在小坐的空间里畅快交谈最终矛盾得以缓和，有些同学想在空闲的教室组织社团活动却发现其他班级正在上课，他们灵机一动便在校园的缓坡草坪上开展了这次活动，有些同学只是单纯地在这儿休息或散步，校园生龙活虎的场景立刻就展现在眼前。由此可见，校园景观对于辅助大学建筑为师生提供活动、休息、交流的场所十分必要，甚至在建筑出于某种原因暂时不能提供给使用人群服务时，景观空间能够弥补这种功能的缺失。

随着时代的发展，网络电商等成为新兴行业充实了大学生的课余生活。在网购群体中，在校大学生不在少数。这一大学生消费习惯的转变也给校园提出了新的功能要求，比如网购消费方式下对于物流空间、快递收发与存储空间的需求。在校园里时常看到各种物流车辆随意在校园集散广场前或教学楼架空层空地上，快递件大面积堆积在公共地面，学生们在混乱嘈杂的叫嚣声中领走快递。这样的场景并不是校园该有的，与校园本身作为精髓文化传承与教书育人的圣地所营造的学术氛围是极其不适应的。因此，在校园的边角空地适当设置快递收发场所从而固定快递收发地点规范此类行为显得极为必要。建筑小环境除了能为校园活动提供空间载体，也在满足着使用人群的心理需求。一般而言，人们对于空间环境的心理需求具有公共性、私密性、领域性。人们在进行社会性交往时，往往根据事件场景、人物关系的不同而保持不同的距离。霍尔在《隐匿的尺度》一书中对不同交往距离做出了定义。小环境空间布局需要考虑不同社会活动的可能，设置不同距离的室外座凳与休息场地，以满足不同活动功能下人们的心理需求。教化育人是大学存在的最终目的，这也是大学景观与城市公园存在差异的深层原因。校园景观不能仅考虑让人们坐得舒服、玩得开心，而更要以其独有的精神特质和文化内涵使人的心灵得到感染和净化，从而起到潜在而巨大的教化作用。正如斯坦福大学首任校长乔丹所说：“那长长的连廊和庄重的列柱也是学校教化育人的一部分。四方院中的每一块石头都在教导人们学会体面和诚实。”

3. 景观节能优化设计

校园植物在选择上应讲究适地适树，多采用适合当地气候和地域特征的乡土植物，尽量避免引用外来植物，杜绝新建校园大批量移栽成年大树，提倡改种当地培养的小树苗，用发展的眼光看待校园景观环境建设。

在全球气候变暖的总趋势下，绿色节能建筑的研究和建设所带来的环境效益获得了一定数量的关注。绿色建筑的效益根据效益的性质不同，可分为经济效益、环境效益以及社会效益。其中环境效益是绿色建筑得到重视和发展的重要前提。

同时，校园植物景观也为降低建筑能耗和改善建筑热环境做出了有益贡献。相关资料显示，绿地每天能吸收的热量为 81.8MJ/hm^2。在夏季，全国普遍高温，植物通过茂密的树冠遮挡太阳辐射，减少透过窗户的直接得热以及外围护结构得热；通过蒸腾作用改变环境的热湿平衡，从而减轻建筑负荷。垂直绿化的外墙和种植屋顶会显著降低外墙内外表面的温度和屋顶内外表面的温度，减少外围护结构的辐射净得热。而在冬季，校园植物主要通过风障作用降低空气流速，为师生活动提供适宜的风环境和热环境。在具有绿色节能功能的校园建筑中，结合校园植物的种植，不仅能够丰富建筑空间的观赏性，而且还可利用植物本身的吸收二氧化碳、调节空气湿度和温度、降尘、吸收室内噪声等功能。将校园景观与建筑相结合是符合绿色节能建筑需求的，也是与校园建筑与景观的适配性设计相呼应的。因此，将体现绿色节能功能的校园建筑与景观植物设计相结合将是校园绿色节能建筑发展的新方向。

第八节　城市口袋公园及街头绿地景观设计

一、口袋公园的概念与特征

（一）口袋公园的概念

在城市公共空间中，口袋公园有着很高的利用比。它是市民日常生活中不可或缺的活动、休憩、游玩空间。我国对于口袋公园的建设着手比较晚，多为绿地形式展现，缺乏一些功能性的附属功能。

（二）口袋公园的特征

口袋公园通常并不是特定产生或有意设计的，它处于一种随机状态，相互并无关联，呈离散形分布，斑块状散落在城市的各处角落。城市中的任何一处小型开放空间都可以称为口袋公园，其具有以下基本特点：

①规模小。“口袋公园”又被译作“袖珍公园”“迷你公园”，主要是为了弥补城市中休憩空间和基础设施的缺失，为城市中繁忙人群提供临时庇护所，使用功能局限性较大，可容纳的活动类型有限。

②形状不规则，多为城市已开发区域边角的剩余用地。

③功能性缺乏。与大型综合公园相比，口袋公园在使用功能上只要求满足简单、短暂的休闲活动，比如饭后散步、小坐或儿童嬉戏等。

④人群及活动特点：服务区域小、使用频率高，服务对象主要为周边居民。口袋公园的位置基本决定了它们的用途、使用者的类型以及被使用的时间。

二、口袋公园的功能与理念

（一）口袋公园的功能

口袋公园与其他普通公园相比有着占地面积小、放置灵活且广泛的特征，在城市生态环境中起纽带作用，能够有效地促进城市生态系统的绿色发展。城市口袋公园主要表现为以下 5 个功能。

1. 生态功能

当城市环境有待进行生态调整、气候调整，或缺乏舒适性时，就会随机生成口袋公园，口袋公园可以发挥改善小区域内生态环境、调节小区域气候、调节生活环境的作用。口袋公园的建设，有助于人与自然的互利共生，也是两者协调发展的重要体现。口袋公园是使用频次较高的城市绿地，广泛地分布在城市高楼建筑、街区两侧，面积较小，对于城市生态环境的调节而言，单个口袋公园能够发挥的作用太微乎其微了，无法发挥决定性作用，这是由单个口袋公园生态影响小、自身面积小、地形不规则的特点造成的。但是由于口袋公园具有放置灵活、分布广泛的特点，它可以密集地散落在城市各个区域上，尤其是闲置区域上，对于城市用地分布而言，它可以发挥渗透作用，对城市见缝插针，缓解城市排水系统的压力，同时也能为动物创造生态廊道。当口袋公园绿化率为 50% 以上时同样可以生成生态小环境，发挥微气候改善的作用，有助于推动城市空气质量的提高，并减少雾霾发生的可能性，此外，还有助于实现人群疏散辅助、防震减灾以及降音降噪。

2. 社会功能

社会大众能够以城市口袋公园为平台，开展社交活动，口袋公园的建设，不仅为社交开展提供了很好的去处，而且也促进了人与人之间的交往。有着占地面积小且广泛散落在城市每一个角落特点的口袋公园，相比于传统公园，更加容易进入人们的生活，对于城市居民来说，要开展户外活动，首要去处就是离家最近的口袋公园，口袋公园不仅是一个户外活动地，而且也是一个活动激发地。口袋公园携带了各种特性，可以满足不同城市居民的需求，具有多样性和特定性，不仅可以满足男女老少的喜爱，也能为各种爱好、各种社会背景、不同文化程度的人们提供交流空间，满足其户外活动的需求。

相比于传统公园，口袋公园同样具有吸引人们前往参观的功能，同时，也具有更多的社会功能，例如吸引人们参与户外互动、吸引人们前往开展社交等功能。口袋公园在城市居民身边随处可见，它潜移默化地融入城市居民的生活中。除了吸引参与户外活动功能外，另外一项功能表现为对文化的有效传播。口袋公园由于其面积小，因此居民容易对它有一种天然的亲切感和归属感，在这里进行文化科普、社会核心价值观的传播是人们比较容易接受的，由此，口袋公园更加有利于对文化教育的推广和普及，更有助于开展科学知识文化的宣传，对于此类文化推广类活动，口袋公园绝对是一个绝佳的去处。城市居民在开展户外活动时，最喜欢选择的去处就是口袋公园，这是因为口袋公园是一个绿色公共开放空间，且具有很高的使用次数。选择口袋公园，市民就选择了一个很好的去处，在完成社会文化知识推广的同时，也有助于对自身品德的培养、对文化素养的育成、对情操的陶冶。

口袋公园的分布具有广泛性，更重要的是，口袋公园对于城市生态环境至关重要，为城市文化提供了一个宣传标志，是城市的一大符号。在城市氛围的表现中，城市文化符号包含多个维度，无论是现代公共艺术品，还是各类实景照片，都可以嵌套在口袋公园里，组成景观元素，最后联合成一个城市的文化底蕴，这个底蕴是独一无二、无可比拟的。

3. 交通功能

口袋公园通常选址于靠近社区、文体设施、商业中心、主要道路周边的区域，交通功能是其首要功能。口袋公园的设计，应先解决交通流线的梳理问题，优先考虑行人快速通行的需求。口袋公园的设计，不能使用传统公园曲径通幽、分级环路的手法，不可在口袋公园设计过于复杂的曲路及分支。

4. 景观功能

口袋公园可以用来装饰道路景观，改善建筑周边环境，完善城市公共系统，数量较多的口袋公园可以作为城市绿带，宛如一条“绿色项链”连接城市各个区域，提升城市形象。

口袋公园也可以用来展示城市的特色景观与地域文化。由于各个城市间存在较大差异，所以文化内涵也大不相同，这就导致了每个城市或者城市群之间会呈现出风格迥异的景观，比如安徽皖南地区的徽派风格。城市的不同区域都会体现不同的人文景观，将创意小品与商品相结合，就带动了商业景观的形成。另外，很多地区会选择将建筑风格与景观相结合，在景观风格的设计时，注重对风味的体现，这就赋予了城市区域景观以更强的独特性，且具有更为合理的布局和更加明确的设计思路，这对于区域文化的体现、历史风貌的展示都非常重要。

5. 填补功能

我国当前的城市建设进程快速推进，这会导致不同区域之间有被遗忘荒弃的空地，而这些残留的小空间，就会将人们的生长足迹记录下来，将美好回忆保留封存起来。这些空白给口袋公园预留了空间，充分运用口袋公园，不仅可以发挥其空白填补的功能，而且也有助于对城市建筑和城市环境的补充，使得城市建筑与环境之间的留白更为和谐统一，而不会显得僵硬。

口袋公园的存在，将城市的各个景观融为一体，练就了一个整体，有助于人们对情感的补充，对记忆的留存。这就是口袋公园表现出的、无可比拟的填补功能，这里的填补，首先是指填补城市建筑留白，其次是指填补城市发展历史和填补人们成长的记忆。

6. 完善功能

口袋公园的建设以绿化景观为主。规划设计时，可以针对原场地现状内存在的问题，提出有针对性的措施。例如，在现场调研时发现场内有积水现象，应优化考虑排水，可设置雨水花园。

若发现该区域视线郁闭、夜间照明不足，可以考虑改造为视线通畅的大广场，并安排照明。针对交通受阻的区域，可以重新规划流线，疏通社区疖瘤。

7. 心理缓解功能

当前城市的快节奏正改变着城市居民的生活工作方式，这种方式在给社会创造大量财富的同时，也使人们在生理和心理上承受了巨大的压力，人们都渴望走进大自然、拥抱大自然去缓解心理和生理上的这份压力。口袋公园，作为离我们最近、最便利的自然栖息地，可以让我们更快速地投身于自然怀抱中。所以口袋公园能使人获得心理上的片刻安宁，减轻人们背负的各种“负能量”，对提升城市幸福指数起着促进作用。

（二）口袋公园的理念

一是城市口袋公园虽然尺度较小，但是以小见大，它能对大型公园起到补充作用。

二是公共空间应注重功能性。在设计时，应坚持“以人为本”，使城市口袋公园符合大众的日常生活功能需求等。

三是口袋公园应具有可识别性。口袋公园往往包含独树一帜的地标性景观，以衬托出别具一格的社区文化特色。

四是口袋公园应以植物、水体、小品等造景元素为主，以突出形态、色彩上的自然美。

三、城市口袋公园的景观设计

（一）植物景观设计

口袋公园的内部植物景观由乔灌木、花卉、地被植物组成，如果场地有古树或者生长多年的乔木或者场地内的绿化植物丰富，原则上应该保留。植被能防沙固土、防止水土流失，降低城市出现雾霾气候的次数，还能净化土壤，调节口袋公园附近的小气候。口袋公园的地形如果平坦应该做一点起伏的微地形处理，以增加绿化用地对雨水的收集和储蓄能力，减轻城市排水系统的压力。

1. 植物景观设计原则

（1）确保植物景观配置的功能性原则

口袋公园的绿色空间不仅可以促进二氧化碳的吸收和大量氧气的排放，而且对城市雾霾和灰尘有很强的防御和抵抗能力。同时也要注意的是，绿地还包括杀菌消毒、保健等多种功能，对改善人们的生活环境、促进居民健康有很大的作用。因此，有必要在配置过程中结合这些方面来发挥更大的作用。

（2）坚持以人为本理念原则

城市口袋公园的建设不仅要把生态效益和经济效益放在重要的位置，而且要更有效地开发和利用城市中有限的空间绿化资源。以人为本的理念应以满足居民和城市发展的需求为重要基础，同时还应将人工空间和设计的人文理念融入城市口袋公园植物景观配置中以更加全面地考虑绿地空间的设计。

2. 植物景观设计要素分析

（1）植物景观的空间营造

在形成植物景观空间时，高大的树木能够设计成支撑景观的骨架，并且植物材料具备较强的多样性，在空间形成方面具有较强的自由度，随着时间的推移，这些植物景观能够更好地展现生活景观的变化情况。

①植物景观空间多样。口袋公园在景观空间方面的多样性，表现在可根据植物在生长活动中具备的相应特性，形成不同的景观效应，并且能够伴随着季节、光照以及温度等产生相应的变化，不过虽然对于空间的多样性比较专注，但是基于考虑综合性主题，对口袋公园进行设计时，通常应采用 5 种左右的植物进行相应的点缀，其中 2 种被选为基调植物，其他植物则有助于建立和支持基调植物。这不仅能够预防景观空间中存在较多的植物，进而引起相应的混乱，而且强调了植物景观所要展现的主题。

②植物景观渗透与空间层次。渗透法是在植物景观设计中应用较广的一种方法。目的是在有限的花园空间中进行绿化，从而避免景观空间出现缺乏装饰性与层次结构等问题。当前植物的首要作用是将空间的不同景观元素组合在一起，形成完整的空间系统，然后对空间采取相应的划分与重组，以期营构出富有节奏感的景观空间。结合相应的数据能够发现，看似封闭但空心的植物“水平墙”在每个角落向每个空间散布着口袋公园的景观，独立的元素在整个景观中彼此连接，形成看似破碎的植物空间层。

③植物质感对于景观空间的塑造。在设计过程中，植物的树枝与树叶的形状会对植物的质地进行相应的改善，并对植物空间的感觉产生相应的影响。浓密的植物使人比较亲切，这种有纹理的植物给人一种距离更短的感觉，因此空间给人以收缩的感觉。相反，微妙的植物，由于纹理更细腻，因此更容易被人们忽略。但是精致的植物会让人们觉得空间扩大了数倍。

在口袋公园的开放空间中，木兰和胡桃等厚壮的植物被选为设计中的主要树种。将厚重的纹理植物进行相应的组合能够给观看者一种接近场景的视觉错觉，因此水平距离看起来要比实际距离短。简而言之，借助植物纹理来控制公园的美化空间，是比较常用的一种方法。

（2）植物品种选择

每个植物都有不同的特征。在小型公园植物的设计中，有必要根据小型公园的特性选择性能合适的植物。第一件事是植物选择应基于本地植物。与其他类型的植物相比，本地植物具备较多的优势，本地植物易于存活与生长，并且后期管理与维护时，能够更加方便。

在口袋公园中，植物的景观很重要，但更重要的是保证使用者的安全。为安全起见，在口袋公园内应小心种植有刺、有毒的植物，这些植物会给人们的安全带来隐患。草坪植物的选择应基于抗践踏的品种。采用草坪装饰公园，能够增加小型公园的活动区域，并且能够很好地吸引公园附近的人来进行游玩。

在公园设计过程中，乔木能够为人们营造一个放松空间。因此，在选择植物时，需要采用落叶乔木作为主要树种，这是因为落叶乔木在夏季可以营造良好的遮阴效果，在冬季也不会遮挡阳光。

（二）水体景观设计

为了补充城市水体，在对城市口袋公园展开设计时，需要着重考虑水体在景观设计中的调节作用。《国家园林城市系列标准》中建议恢复城市水域，要求在不破坏城市水体的基础上，结合海绵城市的建设，开展基于城市水生态恢复和水源生态保护的下水道生态环境工程，在确保城市水生态系统良好的同时，扩大整个城市的“亲水空间”。

1. 水体景观设计原则

（1）安全性原则

在建设水体景观的过程中，需要确保水质以及水环境的安全，使人与水景更加亲密。为了确保使用者的安全，人们使用的水池水深一般控制在 60 cm 左右。为了防止人员坠落，水池的边缘要尽可能平滑，不要有尖锐的棱角。泳池的底部应采用防滑性能高的材料制成，并且楼梯的高度不得超过 15 cm。还需要注意水的质量，不要使用质量差的水。那些无法入水的人，例如儿童，应尽可能增加围栏，以及增加警告标志，来避免因溺水而导致生命与财产损失的情况出现。未安装栏杆时，沿海岸 2 m 之内的水深禁止超过 0.5 m。

（2）节约性原则

中国是一个水资源十分匮乏的国家，如何保护和合理利用有限的水资源，是设计公园水景时应当着重考虑的问题。

在口袋公园的水景观设计中，为了节约用水，我们应该尽量循环利用水资源，延长用水链条，而不是一站式用水。由于此类水景规模性、结构性不强，采用现阶段的技术，能够对水资源进行相应的回收。例如，对于用过的水通过采取过滤等技术进行相应的净化，使之重新成为水源，或者用水后，可以通过简单的技术处理，甚至不进行处理，来灌溉口袋公园里的植物。

（3）因地制宜原则

由于各地地理与气候环境的差异性，在不同地区进行水景设计时，需要的条件也存在差异，应结合实际情况来选择。对于是否建造水景、建造什么类型的水景、冬天会不会结冰等问题，在设计水景时都需要进行具体的研究。例如，在南部地区，水资源较为丰富，建设水景比较简单，可以在总项目中增加建设水景的比例；而在北方地区水资源不足，可以不建设水景或者采用水培法建设水景。

2. 水体景观设计要素分析

（1）动静结合设计方式

水体通常有动态和静态两种表现形式，当流动方式存在差异时，带给游客的视觉感受会存在很大的差别。例如，瀑布以及喷泉选择的流动模式有所差别，游客能够从观赏的过程中获得的体验也就呈现出很大的差别。通常而言，将动态与静态联系起来的水体效果，能够带给游客更加良好的观赏体验。基于此，口袋公园水景设计需要选择的是动静相适合的设计方案。为确保景观里面展现的生命力以及活力效果更加突出，需要做好动物与植物的合理搭配。例如，在平静的湖中添加一些鸭子等动物，可以创建更加生态以及自然的水景。在静态水景内，水景设计师可以通过阶梯式人工瀑布的方式实现静态水景与动态水景间的有机联系。动态水景主要能够对静态水景起带动的作用，形成不同的水色、水形等，从而保证水景景观的生命力。

因此，在设计口袋公园的水景时，水景设计师可以根据公园的整体环境，并联系空间的不同样式，使用具有独特性的设计方法设计“动水”与“静水”，让整体景观具备良好的协调性与一致性，从而实现环境氛围的优化与提升。

（2）保证给水方式的合理性

由于水是水景的主要组成部分，因此水是否清洁和透明直接影响公园附近用户的情绪。为了保证水的质量，水景设计师在实际设计过程中对供水方式的选择应当科学合理。在这个过程中，水景设计师需要做好对客观因素以及地质条件等相关因素的综合运用，让水景内能够获得充足的水源供给，实现预定的设计成效。

在水景设计期间，选取的供水方式要能够与实际情况联系起来，要提高整体供水工作的科学性和合理性，要让水景能够获得充分的水源，从而为居民们带来更加良好的观赏体会。

（3）实现动植物搭配合理性

在实际的水景设计过程中，要能够让动植物实现合理的搭配，动植物相关要素是水景设计重要的生态元素之一，对其合理利用不仅能够带来更好的观赏体验，而且能够起到优良的水质改善效果。具体可以从以下几个方面进行：在水生物种的选择过程中，要保证其观赏价值，以保证水景生态链的完善性，通过观赏性水生物种的选择和应用，可以净化水体，降低水景设计成本；在此基础上，设计师在口袋公园水景设计的实际过程中应该更加重视动植物的设计，最大限度地保证动植物的科学合理搭配；此外，应当充分考虑口袋公园中水生生物和植物之间的生态合理性，并应尽可能确保动物和植物的存活率和避免生态失调的发生；在水生动植物的选择和应用过程中，要尽量与周围的景观相匹配，保障景观整体不突兀，经由水上景观以及周边景观的映衬，展现出更具风情的园林风貌。

在口袋公园相关的水景设计中，设计者应能够根据具体的需要来安排相应的元素，最大限度地满足人们对景观和水景的需求。

（三）景观小品设计

当前，景观小品种类极为多样，涉及座椅、灯具以及垃圾桶等相关设施。这些景观小品的设计工作要求能够根据周边环境以及现场需要来进行布置，使周边环境与文化氛围融为一体。景观设计的主要目的是向使用者提供休息、采光、观赏、引导、交通、健身等服务。

景观小品实现的规模需要参考公园现有的面积以及使用者的需求情况加以布置。考虑到各个地区的人们在生活方式以及作息习惯等方面呈现出的差异，故而布置的景观小品也需要具备特殊性，同时，需要展现出各个地区具有的独特文化内涵。特别是在老城区的口袋公园建设过程中，其小品设计不仅要能够与老城区的特色相适应，还要具有更加独特的区域识别特色。良好的景观小品能够展现出独特的人类历史以及地域风俗等文化特点，具有很好地彰显地区文化风情的效果。在设计期间，设计者需要考虑具体的使用需求，如在阴凉位置安排活动凳和休息桌等设施。

景观小品具体的布局情况会对园区交流以及活动等带来关键影响，这些影响的作用效果可能是消极的，也可能是积极的。例如，如果两个长椅背对放置或远离放置，会阻碍用户之间的交流。然而，如果将长椅垂直放置或相邻放置，将促进和鼓励人们相互交流。座位的摆放方式应该多样化，以满足喜欢社交或不想被打扰的用户的多样化需求。

（四）空间场所设计

城市口袋公园最主要是为使用者提供一个开放、舒适的空间。其空间场所的营造与城市大型公园的空间场所的基本设计原则相同，首先要明确一个清晰合理的功能分区，同时空间的形式和尺度要和功能相协调，不同的景观空间功能尺度会不同。城市口袋公园的空间场所设计也有它自身独特的方面。

例如，口袋公园出入口空间、边缘空间、功能空间的设计等需要我们格外关注与仔细推敲。

1. 出入口空间的设计

城市口袋公园主要是给附近居民和行人等提供休闲、健身空间的一个小型公园，出入口空间是人们进入该公园内部空间的一个关口，出入口空间位置和数量的设计需要与主要交通枢纽、建筑群主要出入口、商业出入口等相对应。城市口袋公园虽然会有多个出入口，但也是分主次的。主要的出入口一般选择在人流量较大的位置设置，通常应该设计为一个小型广场连接着口袋公园的内部空间，因为这里连接了公园内部与城市交通的系统，是一个衔接点。次出入口可能没有衔接一个大的空间，仅仅是一条园路连接口袋公园的内部空间，起到通道的作用。

口袋公园由于面积小，人们路过此处口袋公园时很难发现它的存在，在设计中可以通过显眼的出入口设计来强调公园的存在感。例如，佩雷公园为了能在高密度的城市高楼下吸引路人的注意，将园内的铺装延伸到了人行道的空间中，吸引行人的注意，同时通过植物的栽植来提醒出入口空间位置。

2. 边缘空间的设计

边界，是指地区之间的界线，边缘在《现代汉语词典》中的解释是“沿边的的部分”。因此，边缘实际上是边界两边的区域。口袋公园的边缘空间一般是指园内的空间与其附近的建筑或者街道相衔接的空间。

在建筑边缘空间应尽量避免设置相关停留设施，可以通过植物的绿化形式进行美化建筑边缘空间：砌筑造型丰富与建筑外立面色彩风格类似的花坛，再配置一些低矮的丛生花卉或者灌木；选用透光性较好的观赏性较高的灌木或者竹类植物，植物的高度和植物距离建筑的距离需要细心推敲，不能影响建筑的外立面景观效果。

3. 功能空间的设计

城市口袋公园面积较小且一般位于城市居民很需要它的地方，因此设计师需要将每个空间都充分利用，并且经过细心的推敲打造成具有观赏和休憩功能的空间。例如，为降低噪声对口袋公园附近的人们的影响，主要可采用以下三种措施：通过地形来围合和分隔景观空间；用围栏和植被来围合空间；在远离街道的地方，提供一些隐秘的小空间。例如，上海静安区和徐汇区附近的两个口袋公园为了避免外界空间的影响通过地形和植被的围合形成具有休憩和观赏的功能空间。

（五）铺装景观设计

口袋公园是一个室外空间，城市居民可以在其中放松身心。各项活动更多是在场地范围内展开的，由此奠定了铺装景观在口袋公园景观中的重要地位。

1. 城市口袋公园铺装景观设计原则

（1）协调统一性原则

铺装景观是城市口袋公园景观中最重要的部分，其设计风格和设计水平决定了整个景观的总体效果。所以，景观设计师应做好铺装景观的相关设计工作。首先，设计方案应符合公园景观的各项基本功能的需要，并在此基础上考虑人们的心理感受和审美需求，调整冷暖色彩的空间和节奏变化；其次，路面颜色和比例的视觉效果应与周围环境一致；最后，必须考虑到对环境的影响，并且必须在不破坏整个景观风格的情况下进行景观设计，而不是将口袋公园作为一个独立的存在进行设计，要使口袋公园的景观与周围环境相协调。

（2）自然生态性原则

景观设计师在设计城市口袋公园铺装景观时，应注重其自然生态。例如，当选择路面材料时，应该优先考虑对生态环境破坏小的路面材料，其不仅应能有效地调节地面温度，还应具有强大的水分储留功能和透水性，这样可以有效地保护地下水资源，提供更好的环境让植物等完成生长需要。此外，景观设计师还应关注纹理与周围环境的协调性和适应性问题。

口袋公园实现的铺装设计核心就是能够对植物等生存条件进行优化，让天然雨水能够方便地回流到土地内，涵养水源。口袋公园可采用高渗透、高蓄水、高吸声的路面。这样的铺路设计，提高了口袋公园的生态质量。

（3）因地制宜、以人为本原则

第一，我们应该坚持因地制宜的原则，充分整合审美传统与文化理念，并试着与周围街道的路面风格保持一致，以便创建一个互补的整体设计风格；第二，我们应该坚持与时俱进的原则，在选择材料纹理时，铺面材料的模式和类型应该反映时代特点，铺装景观设计应跟上时代的发展步伐。

口袋公园的铺装景观设计必须与城市居民的需求、公园的维护和成本等因素相关。材料的选择应根据具体位置、功能等来确定。例如，如果人们对人行道上的防滑程度有很高的要求，则应该选择表面粗糙的路面材料，以增加摩擦系数，并减少打滑的可能性。在现场的承载能力方面，可以选择厚度较小的材料以降低材料成本。对于口袋公司的辅装景观设计，根据其他口袋公园的实际使用情况，在保证材料实用性的同时，还要考虑材料的厚度、尺寸规格、组合等，而不能仅从美学角度简单地进行设计安排。

2. 城市口袋公园铺装景观设计要素分析

（1）色彩

在铺装景观设计中，色彩是需要重点关注的元素。合理地使用色彩，不但能够带来更加独特的氛围感受，而且能够展现出一种情感共鸣，让人们能够在精神层面上得到正能量的涵养。例如，高亮度能够带来视觉放大的体验，而低亮度则会带来还原的感受；黄色和红色等具备温暖气氛的效果，展现的是振奋的体验；蓝色和灰色则更多是安静与祥和的感受。

在口袋公园铺装色彩设计中，设计师应有意识地利用色彩的变化来丰富和加强空间的气氛。例如，在儿童的活动空间里，应该选择明亮的色彩，为儿童活动空间营造一种轻松、愉悦的空间；而在中老年、成人较多的活动场所里应该尽量选用一些偏冷一点的铺装颜色，在一些关键的节点上配置一点颜色明亮的铺装，这样可以使空间有一种沉稳大气而不失活泼的空间氛围。

（2）质感

通常，质感层面的改变能够从视觉上展现出层次性的需要，此外，还具有一定的暗示意义，能够让人们更好地把握其所处的地理与方位。在实际设计工作中，设计师应能够清楚、准确地认识材料的性能及特点等，展现材料的价值。此外，纹理对比也能够带来更好的感受。

口袋公园铺装质感的选择应由空间使用性质来决定。例如，在公园里人们主要的活动空间场所中，应该选用质地较粗糙、耐磨性较好的铺装地砖，这样既能避免出现公园使用者在恶劣天气中滑倒摔伤的情况，也能大大降低公园后期的维护成本。又如，在公园的林荫小道中，应该选择质地圆润的地砖（鹅卵石最佳），这样可以在狭长的空间里从触感上带给公园使用者不一样的体验，丰富公园的空间立体感。

（3）造型

在实施造型设计期间，设计师需要做好线面彼此的协调，经由合理的组合安排来获得更好的设计成效。几何直线带来的是秩序感，曲线带来的则是自由与开放的感受。在图案相关的设计工作中，设计师需要通过安排视觉中心的方式来减少视觉疲劳感。规则图案能够展现出严肃以及大气的意味，不规则图案则富有生动性与鲜活性。

不同的铺装造型对空间的营造效果是不同的，在口袋公园有限的空间里选用正确的铺装造型，可以打破空间的序列，营造丰富的空间层次。例如，在口袋公园中选择横向交错的铺装造型，会使人觉得该活动空间很宽敞；反之如果选择纵向排列的铺装造型，则会使人觉得空间特别狭长。

（六）公共设施设计

1. 城市口袋公园标识设计

一个好的标识系统既能够让游客更加清晰地把握公园布局，又能够体现公园良好的人文关怀。在口袋公园识别系统设计中，设计师需要积极树立品牌形象。我们一般将标识分为基本标识和专业标识两种类型。其中，基本标识的整体原则就是易懂、简单与简洁。基本标识又可分为三级。一级基本标识为公园主入口简介牌，内容一般为公园简介信息；二级基本标识为公园区域介绍和标识性标志，它可以引导游客沿旅游线路游览；三级基本标识是与公园结构相关的介绍牌，能够帮助游客更好地理解公园所具有的文化内涵。专业标识对应就是呈现良好科学性效果的标识，例如动植物属性展现卡等，具备很强的科普意味，能够展现园区内的设施以及种群情况等。相较强制性的通告来看，游客会更加愿意接受这些形式的信息传递，主动性和参与性大幅度提升。

2. 城市口袋公园休憩设施设计

口袋公园主要是为城市的使用者提供一处休憩的空间，只有为使用者创造优良的停留空间，才能够增加使用者的逗留和休憩时间。口袋公园若想让使用者留下来进行沟通和交流，就需要提供必要而合理的休憩设施。根据对休憩设施在口袋公园中重要性的调研数据，口袋公园内的休憩设施对于使用者来说较为重要，是提供使用者集会、看书、下棋、交谈等的重要空间。有无可坐的设施，是附近的人是否会选择去公园内游玩的重要因素之一。

由于面积较小，口袋公园的休憩设施较为缺乏，类型也相对较为单一，位置的摆放也稍欠考虑。为了能够提高这些休憩设施的使用率，口袋公园需要为使用者提供更多更好的环境使他们逗留下来。

研究发现，口袋公园的使用者可能更加倾向于休憩在较为私密的位置或者视野开阔的位置，不太愿意逗留或休憩在较为开阔的空间内。休憩设施布置更需要精心地推敲，如何在有限的空间中设计最适宜使用的休憩设施是设计师们需要重点考虑的问题。①休憩设施设计需要从人们的心理要求出发，为人们提供一个适宜的符合人体力学尺度的休憩设施。②休憩设施要依照使用者的交往和安全需求来布置。例如，弧线形的桌凳设施在形成凹形内聚空间时方便人与人之间的沟通交流，而在形成凸形空间时又利于个人的休憩和赏景。

口袋公园中木质的休憩设施受青睐的程度远大于其他材质的休憩设施。例如，在上海徐汇区口袋公园中，木质桌凳树池的使用率，明显比大理石花池高。

在进行口袋公园休憩设施表面材料的选择时，应尽量选用木质材料，以便为使用者提供更为舒适的休憩环境。

城市口袋公园的桌凳设施并非需要完全按照城市公园的硬性规范要求来摆放，因为其面积较小，所以其摆放应根据周边的环境和功能来定。

城市口袋公园由于面积较小，其中的休憩设施更多是结合不同形式设计的，而不单单是简单的桌椅设施。这样在较小的空间内不仅会形成不同的景观功能，也能满足不同的需求。

3. 城市口袋公园健身设施设计

健身设施较多见于居住区类口袋公园中，基本的健身设施对居住区内的使用者来说是非常重要的。由于口袋公园的面积限制，健身场地的布置可以按照带状布局形成港湾式健身场所，将健身场所以道路为线串联起来，同时，可以利用多层次的植被空间来划分健身设施和口袋公园中其他的功能空间，使内部的各处活动互不干扰。口袋公园中提供给学龄前儿童使用的游戏设施需要从安全的角度去考虑，滑梯、沙坑都需要采用沙子或者材质比较柔软的橡胶材料，器具的安置应牢固，避免出现钝角、尖角的形式。

4. 城市口袋公园灯光照明设计

照明能够让口袋公园的建设更加具有色彩的艳丽性与鲜明性，让公园的可用时长进一步增加，确保人员在活动中是安全的。与此相关的设计基础就是功能性照明，应优先考虑节能设施，若是所在地区的日照充分，则可以最先考虑选择太阳能照明的装置。

此外，在装饰照明和景观照明等设计工作中，还需要将其带给周围环境的影响等考虑在内，设施的形状以及位置的选取都要与周边的环境相适应。口袋公园能够参考各个路线以及区域需要承担的功能情况来安排合理的灯具工作模式，地埋地灯以及与方便游客夜间出行等相关的公园光源，需要优先考虑选择与光控和声控等相关的智能控制模式，并且将其与手动控制的方式联系起来。城市口袋公园的灯光照明设计要参考规范设计要求，在灯壳保护等级方面要满足需要。其中，装配在室外的灯具需要超出 IP54 等级，地下灯具需要超出 IP67 等级，水下灯具需要超出 IP68 等级。此外，在设计中，还应避开大功率电灯的运用。如果要实施大功率电灯的安装工作，则需要配置合理的保温方案。

5. 城市口袋公园公共卫生设计

公园卫生设备涉及垃圾箱和厕所。考虑停留时间的差异，口袋公园的停留时间相较大型公园更少。参考《公园设计规范》（GB 51192—2016）的要求，口袋公园实现的厕位与游人配比情况是 1.5%。调查表明，女性相比男性需要更长的上厕所时间，故而男女厕所的占比需要是 1：1.5，如此才能够对各个性别的需要进行有效满足。此外，还需要设定与残疾人及老人相关的无障碍卫生间。《环境卫生设施设置标准》（CJJ27—2012）中明确规定，厕所外面需要安排绿化带，将其与相关的构筑物等进行隔断，间距应超过 5 m。

为了响应国家对于城市可持续发展的需求，口袋公园可提供不可回收和可回收两种类型的废物箱。垃圾箱应位于游客频繁活动的区域附近、公园主要道路的两侧以及紧靠休息座位的拥挤公园道路上。根据公园的访客数量，将垃圾箱设置为 20 ～ 30 m 的间隔，间隔可以根据人群活动密度而增加或减少。垃圾箱应使用具有卫生、防紫外线、防腐蚀、耐用等特性的材料制成，分类后的垃圾箱应具有清晰的标志，方便用户区分。

四、街头绿地景观概述

（一）街头绿地的概念与特征

1. 街头绿地的概念

《城市绿地分类标准》（CJJ/T85—2017）中规定，城市绿地的最主要形式为“公园绿地”（G1），公园绿地是向公众开放的、以游憩为主要功能的绿地，其中一般有遮阴、装饰、休憩的设施以及基本的垃圾收集、照明等设施。

城市公园作为城市绿地系统的重要组成部分，是表示城市整体环境水平和居民生活质量的一项重要指标。街头绿地属于公园绿地中的一种，在标准中有两个含义：一是指属于公园性质的沿街绿地，分布在街道的两旁，能供人们休憩、休闲；二是指该绿地不属于城市道路广场用地，是独立的场地。《城市用地分类与规划建设用地标准》（GB 50137—2011）又将公共绿地分为城市公园（G11）和街头绿地（G12），街头绿地指的是沿线状的道路、河流、海岸、湖边、城墙等分布，设有一定游憩设施的绿化用地，它一般作为城市线性景观的附属存在，同时也可作为线状景观的补充和节点。街头绿地又名街旁绿地。

《公园设计规范》（GB 51192—2016）中的“街旁游园”“带状公园”“小游园”就是街头绿地，同样属于城市公园的一个种类。

西南林学院马建武教授在《园林绿地规划》中对“街头绿地”的定义：街头绿地一般指与城市道路相邻，或位于道路交叉口，可供居民和行人观赏或进入游览休憩的块状绿地。

国家花卉工程技术研究中心任爽英工程师在《北京市街头绿地植物造景分析——右安街心花园》中对“街头绿地”的定义更偏向对功能的区分：街头绿地是城市绿地系统中的一部分，是街道绿化的重要组成内容。街头绿地面积从 100 m^2 至 10000 m^2 不等。其大小不一，变化多样，因地制宜是它们的主要特色。便利性、开放性、分布广泛性是其基本特征。

2. 街头绿地的特征

街头绿地的形式变化多样，包括小型的广场、公园以及休憩和活动的场地，其共同的特性有以下几点。

（1）小尺度的活动空间

街头绿地在规模上最显著的特点是尺度小。尺度小的活动空间占地面积少，与城市中的大型综合公园和广场相比，街头绿地能够容纳的功能比较少。因此，对于能否在小尺度的空间内设计出便捷的设施，空间设计是否精细是至关重要的。街头绿地因其小尺度的特点适于设置在城市的各角落中，容易为一些日常简单的户外活动如散步、聊天、乘凉等活动提供环境空间。

（2）展示文化内涵的重要场所

街头绿地是最贴近居民的城市绿地，它数量较多，也经常分布在各种步行街、景点周边，是城市文化内涵的一个重要展示场所。点状分布的一个个城市街头绿地不仅为人们提供了丰富多样的城市户外休闲场所，也很容易根据主题展现城市文化，能够将具体、细化的文化符号运用其中。

（3）具有一定的生态意义

街头绿地为城市绿地系统提供了更多生物生存的空间。街头绿地的广泛分布使得城市植物的空间层次更加丰富，同时也能直接增加城市绿化覆盖面积，完善城市绿化网络。小尺度的街头绿地不仅适合各类昆虫和鸟类的生存，还能有效地降噪、净化空气、防暑降温。

（二）街头绿地的主要功能

1. 城市景观功能

街头绿地的自然景观与硬质景观共同组成城市景观，两者是互相依存的关系。在城市快速发展的今天，北京老城的城市景观个性与特色逐渐消失，城市风貌逐渐被破坏。景观设计有特色的且布局与建筑环境相和谐的街头绿地能赋予公共空间良好的品质，乃至给予城市景观以个性色彩，恢复城市特色。景观环境优质的街头绿地能吸引人们接触自然环境，如果这些场地内的文化特色鲜明的话，对城市的形象是一个很好的体现。开放性强且环境友好的城市绿地无疑会对居民的生活产生积极的影响。

2. 游憩休闲功能

人们的户外活动主要是休憩、娱乐、交往等多方面的行为，市内休闲不能代替人们对自然环境的渴望，街头绿地是人们户外活动的场地，它可以为人们提供大量的亲和环境，创造宜人的人居环境。

3. 局部气候调节功能

街头休憩绿地中的一些构成要素，如植物、地形、水面等可以对城市局部小气候产生影响，植物对小区域气候的影响很大，比如在夏天人们喜欢到大树下乘凉，植物能为环境带来湿润的感觉。地形可以引导小环境中的风向，而水面对气温有良好的调节作用。

（三）街头绿地的景观要素

1. 景观设施

街头绿地中的设施包括可供人们使用的城市家具，比如座椅、垃圾箱和灯具等，也包括一些景观小品如雕塑、廊架等。这些设施是街头绿地功能产生作用的实体，是决定场地环境容量的重要因素。对于居住区而言，运动设施可以提供良好的体育锻炼机会，休憩设施可以为人们提供休憩停留的空间，垃圾箱可以确保场地干净整洁，灯具可以在夜晚确保使用者的安全。景观小品一般与服务设施结合，可以起到装饰的作用，同时作为文化精神的载体，还可以展现城市的文化风貌。

2. 植物

植物是街头绿地中唯一具有生命的景观元素，植物的四季变化可以让人感受生命的活力，同时也提供了四季变化的景色，让街头绿地有了变化的趣味。乔木遮阴效果好且能形成林下空间，是街头绿地中植物景观的主导因素，可以构成设计框架；灌木一般用来分隔空间，与乔木搭配成为层次丰富的群落，大多数的多年生观赏花卉都是低矮的灌木，往往在街头绿地中有着广泛应用；地被植物一般用来覆盖地面，对水土保持有着重要作用。

3. 铺装

铺装也是街头绿地景观要素中的一部分。历史街区的铺装材料和图案的拼接在满足观赏需要外，还能呈现地方特色。样式、花纹有特色的地面铺装可以吸引走在其中的人们的关注。铺装也有创造空间感的作用，在场地中不同的铺装拼接能产生场地空间分隔的效果。铺装单元的大小、颜色、间距等都影响人们的视觉感受，会对人的行走节奏、心情感受以及活动范围产生暗示。例如，几何形的砖块给人宁静、亲切的感受，圆形的地砖让人有延续的感觉，儿童活动场地的铺装如果形状不规则、色彩鲜艳的话会更受小朋友的喜爱。

五、城市街头绿地景观设计原则

（一）体现城市风貌原则

现代化城市建设中的环境艺术受到我国传统文化和古典哲学思想的影响。城市绿地环境艺术不仅需要拥有丰富的历史文化和引人入胜的艺术魅力，而且还需要具备鲜明的地域民族色彩。设计工作人员要结合当地的历史文化特色，把传统艺术形式中最具特色的部分提取出来，应用到现代化城市环境艺术中去。想要设计出优秀的作品，并不是进行简单的生搬硬套，而是需要把现代生活美学和当地悠久的历史文化结合在一起，以避免千篇一律的街头绿地样貌。不同的城市拥有不同的地形气候，也拥有不同的历史发展背景。

（二）追求环境品质统一原则

在现代化城市街头绿地景观设计中，街头绿地环境品质能够有效提升景观品位。环境品质的提升主要是看绿地空气的净化、阳光照射、绿化和系统等植物配置。绿地的主要美学特征是自然美，通过保护自然环境和自然景观，提升绿地的自然性，让人们在城市绿地中能够感受回归大自然的心情。街头绿地景观设计需要结合自然景观，合理地创造环境，塑造出环境特色。

第九节　海绵城市理念下景观化设计

一、“海绵城市”理念的目标与要求

所谓“海绵城市”指的是通过加强城市规划建设管理，充分发挥建筑、道路、植物和水体等生态系统对雨水的吸纳、蓄渗和缓释作用，有效控制雨水径流，实现自然积存、渗透、净化的城市发展方式。建设海绵城市即在城市建设过程中运用生态途径，去调整城市水生态系统的结构和功能，通过“渗、滞、蓄、净、用、排”六步技术法增强对城市径流雨水的处理能力，实现水文循环的良性发展。

“海绵城市”最早出现在20世纪70年代的美国，因为当时雨洪问题严重，联邦政府通过建设深层隧道等方式，延缓雨水进入受纳水体，缓解雨洪问题，由此形成了第一代BMPs，也就是最佳管理实践，但因当时各方面建设条件与科研能力受限而导致该工程量庞大且投资额较高。20世纪90年代末，第二代低影响开发（LID）管理方式的提出达到了抽薪止沸的效果。该管理方式不仅从源头抑制了问题，还可以在让雨水保持下渗的同时滋养绿地，能够进一步实现净化雨水的功能，并由此打造了雨水花园、绿色屋顶等生态建设概念。

目前，可以海绵城市作为第三代管理方式，在应对自然灾害时具有良好的“弹性”，发挥城市环境构成中水体、绿地、道路等基础设施的作用。综上所述，海绵城市的建设本质就是平衡城镇化发展与环境资源之间的关系。

海绵城市的建设不仅使得城市水资源得到修复，在涵养水源时更增强了整个城市的生态环境质量，协调了我国目前发展建设与生态环境资源之间存在的普遍矛盾，在使城市建设得到可持续发展的同时又形成了互利共赢的局面。

在海绵城市理念的应用中，“渗、排”是指借助下洼式绿地、透水铺设、渗渠等方式，将城市的部分雨水直接渗透到城市地层中，这样一来不仅使得地下水资源得到了补给，而且长期以来困扰人们的城市地下水水位降低的难题也得到了很好的处理。对雨水进行收集和储存是目前缓解城市水资源匮乏的一种重要方法，直接影响着城市可持续发展。“蓄、滞”是指借助雨水罐、蓄水池等形式在尊重自然地形地貌的前提下使清洁雨水得到很好的蓄积，能起到调蓄和错峰的效果。储存下来的雨水降低排水管的峰值流量减轻管道压力，能较好地解决大雨时城市内涝及溢流问题。“净”是指运用生态节能的方法，净化收集到的雨水，储存的净化雨水可以用于城市发展建设。

以往传统城市与现在海绵城市的雨水处理大不相同。传统城市以粗放式建设为主，这样的建设方式导致地表径流量大增使得原本的生态环境遭到破坏。而海绵城市理念的目标与要求就是人与自然要和谐共存，即在顺应自然发展的同时还应保持生态本身的自然形态，从而实现低影响开发下人与自然和平共生发展。

二、海绵城市理念在景观中的运用

海绵城市理念在景观中的运用让城市景观“海绵化”可持续发展，让自然资源“弹性化”生存，“海绵化”在城市建设中的运用随处可寻。

（一）城市中的水系湿地

在城市建设过程中，应加大对城市水系湿地的保护力度，要在努力做到不破坏城市原生态环境的前提下确保海绵城市水系湿地的作用。这样一来能起到保护城市周边或城市内部中的低洼地区，降低城市内涝风险的作用。对于城市的各种水道来说，则应该在城市河道与道路之间建立绿化带，并充分利用绿化带建立雨水的缓冲带，把地表水引入缓冲区，减少城市的积水面积和地标径流的污染。

（二）城市道路设计

城市道路雨水径流量一般较大，且污染情况也较为严重，是城市面源污染的主要构成因素之一。道路建设时要积极利用透水材料建设透水路面的人行及非机动车道；同时也要利用道路两侧的绿化带建设一些凹形的绿地，在雨天利用这些凹形绿地引导雨水径流，减少路面上的水流量。

（三）街头绿地及广场规划

在城市建设中，充分利用街头绿地及广场能有效地实现雨水储存。将以往集中成片的绿地进行分散设计，通过绿廊连接各个街区中渗透的小规模绿地，根据该地块雨水汇流现状结合植草沟配合适宜的植物等进行灵活设计，这样可以达到对雨水收集的目的。在建设过程中，要积极采用透水材料的铺装去设计广场，结合下沉式设计手法对雨水进行引导，将雨水调蓄设施设置在城市广场地下空间，这样能够达到储存雨水的目的。

第十节 城市更新理念下景观微环境设计

一、城市更新理念的基本内容

（一）城市更新的概念及目标

所谓“城市更新”是指运用城市更新的原理，以多角度、多层次利用城市规划等手段，加以有效利用的城市发展方式。城市更新的最终目标是，针对城市发展过程中存在的主要问题，通过功能重建、设施整治、交通修补、环境管理等手段，最终形成生态优美、功能齐全、风格协调、配套合理、居民幸福的特色宜居城市。城市更新包含于城市改造之中，但区别于普通城市改造之处在于城市更新是以一个不断发展且动态变化的过程对不适应现代化需求的地区进行必要且有计划性的改建活动。城区作为城市的重要组成部分，其更新也必须以城市更新的目标为依据，以城市总体规划为基础进行。

1958 年，在荷兰召开的“城市更新研究大会”广义地对城市更新进行了系统且全面的阐释：“在城市中居住的人，对于住所及周边环境会有多种多样的需求与问题”。因此，为了享有更舒适的生活、更优美的城市风貌等居住环境，而进行的修缮自身住所、提升周围环境的大规模土地利用及都市改善活动，就是城市更新。英国学者库奇（Couch）提出：“旧城更新指在社会与经济力量对城区干预之下，引发的基于物质空间的变化、建筑和土地用途的变化转变成一种更加能够产生效益的途径或其利用强度变化的一类动态的过程”。英国工程师布林德利（Brindley）及布罗摩里（Bromley）提出在城市更新的过程中应该考虑城市的可持续发展。

在我国，城市规划专家陈占祥定义旧城更新为城市“新陈代谢”的过程，重点强调了经济在旧城改造更新中产生的重要作用，并提出在城市更新中，同时包含推倒式重建、历史街区保护及旧建筑保护性修复等更新方式。中国建筑学家吴良镛先生就城市更新曾经提道：城市是万千人生活及工作的有机载体，构成城市内部的城市细胞也是不断进行代谢的。部分建筑因其材料及结构坚固而可以保持永久，但有的建筑因材料与结构简陋而容易破旧，城市细胞的不断更新也是城市发展的一般规律。城市更新作为城市的一种自我调节机制，延续于城市发展之中，主要目的在于消除和阻止城市衰退，同时通过功能与结构的调节，提升城市的机能，使城市不断适应未来经济发展和社会需求，建立起全新的城市动态平衡。

当今城市化的目标同时包括环境、经济和社会三个方面，因此不同于以往机械化、简化的大规模拆迁和设施改造或插画式改造的城市更新理念，新的城市更新理念下的旧城景观改造就是进行多方面的系统规划和生态重建，用新的城市空间取代旧的丧失功能的空间，以促进城市的发展，这种改造更能贴合当今旧城景观改造的主题。

（二）有机更新理论

城市更新是城市发展过程中的重要内容之一，也是旧城实现自我改造的一种科学且有效的方式。当今旧城的城市更新研究更加注重城市有机更新研究，其内容由早期的大拆大建到现阶段的城市有机更新，是城市更新理念与实践双重发展的结果。

有机更新理论来源于美国的建筑师沙里宁提出的有机疏散理论，他在该理论中将城市比喻为人体，认为城市同样也是由许许多多的“细胞”所构成的有机体，城市的更新改造也如同人体的新陈代谢。随后我国清华大学吴良镛教授以中西方规划理论及理论发展历程为依据，结合有机疏散理论，提出了有机更新理论，并于北京菊儿胡同的改造工程中首次对有机更新理论进行了实践。该理论即“在城市更新中采用合适尺度与规模，以改造的内容与要求为依据，妥善协调当前与未来的关系，同时需要不断提高设计的质量，使得每一片城区的发展都具有相对完整性。”

有机更新理论认为，在旧城改造中，需要以有机体的视角审视城市，在旧城改造及更新的过程中需要保有旧城原有的肌理整体性，同时根据现状的不同以不同的方式针对不同片区，按照城市内在规律、顺应城市肌理结构来探索更新与发展的途径，最终实现城市人居环境得到可持续性发展的目标。同时因其渐进式、小规模的改造方式适合旧城景观改造模式，所以城市更新理念主要是指结合了城市有机更新理论的一种旧城景观改造模式。

二、城市更新理念下的旧城景观改造

（一）文化思想

1. 旧城地域文化景观改造

文化景观实质就是空间中表现出的有形的物质文化，它同时也是历史遗留下来的各类文化现象，反映了各区域的文化传统。20 世纪 60 年代后，随着大拆大建的城市更新方式的失败，人们认识到在旧城区景观改造的实践中，改造对象不能仅仅局限于物质空间要素，也应该包括旧城的传统风貌。基于以上认识，建筑学界衍生出了许多文化景观改造的理论及实践。比如建筑和城市历史学家柯林·罗（Colin Rowe）建议从旧城文脉中激活并产生拼贴的对象及方式。《马丘比丘宪章》（又称《雅典宪章》）中提出要继承一般的文化传统，同时要保护所有具有价值且能表现社会及民族特点的文物。

此后，旧城景观改造中的文化景观改造开始关注“景观表面背后所包含的结构问题与深层意义”，也就是在改造中开始侧重体现景观背后包含的地域文化。那么，在旧城景观改造中该如何保留及体现地域文化呢？首先需分析旧城改造与地域文化之间的联系，从社会环境、人文环境及自然环境找寻旧城改造与地域文化的结合方式，同时还需相应结合旧城区的价值取向及发展需求，只有将两者进行适当的结合才能在旧城景观改造中表达出地域文化，使旧城区各景观要素的打造更加富有内蕴，从而提升其吸引力。

2. 城市更新的思想要求

城市更新理念下的旧城景观改造区别于普通旧城景观改造之处在于城市更新理念下的旧城景观改造是一个渐进式、小规模的且不断发展与动态变化的过程，是对旧城中功能有缺陷、风貌较落后的公共空间进行必要且有计划性的改建活动，它同时需要考虑城市的客观发展进程及居民的主观需求。

美国社会哲学家刘易斯·芒福德在《城市发展史》中指出城市规划应以人与人之间的基本需要为中心，并对城市更新中的人本化需求做出了诠释，而美国社会学家雅各布斯提出城市可以靠小规模改造更好地维持生命力与活力，他认为小规模改造所带来的紧凑多元的城市生活才符合现代人需求。英国经济学家舒马赫（E.F.Schumacher）在《小的就是美的》一书中指出城市发展中应该“以人作为尺度的生产方式”和“适宜的技术”，以上思想实践对城市更新中渐进式、小规模的改造方式进行了解释。城市更新理念同时是一种有弹性的景观改造思想，它能够演化为新时期的城市发展文化，为旧城公共空间各要素的改造提供理论指导。

（二）空间布局

由于城市更新理论的目的是城市重生、居民幸福，因此对城市更新理念下的旧城公共空间景观改造需要分城市与人两种视角进行研究。

城市的公共空间结构也就是城市的肌理，包括城市中街巷、广场、建筑、绿地这些构成城市空间的主要元素，它们在旧城中有规划或自发地进行组合或排列，从而形成完整的城市空间结构体系。在以城市为视角的空间结构中，公共绿地、建筑物、街道等组成的不规则或规则的形态几何，将决定居住区、商业区等区块的质地、密度及纹理。因此，城市更新理念下的城市公共空间景观改造不应该只是针对单一对象进行改造，而应该多角度针对标注组织及边界、路径、节点地区的整合及串联规划具有意向性及可读性的城市景观空间，同时统筹街巷、广场、建筑、绿地等各个要素，保证旧城改造的有序发展。比如，通过绿道这一景观廊道对城市各个区块的割裂空间进行串接，从而实现环境与功能的统一与互补。

除了对以城市为角度的空间结构景观改造进行研究之外，学者也展开了针对人性化的空间景观改造的研究。这类改造需要从人的视角出发，针对周边公共空间的需求进行改造，比如改造中需要融入外部空间概念，分析外部空间要素及设计手法，探讨空间及尺度的关系。

公共空间景观改造作为城市各要素景观改造的集合，不仅代表了城市的整体景观布局的重整，也代表了街巷、广场、建筑、绿地这类人居空间环境的重塑。

（三）广场景观

广场是旧城的核心区域，也是旧城公共空间的重要组成部分。早在 20 世纪 30 年代，《马丘比丘宪章》即提出城市的四大功能是居住、工作、游憩、交通，城市广场作为城市游憩、交流功能的主要载体，其主要使用人群是城市居民。

因此，城市更新理念下的城市广场景观改造应该本着以人为本、生态优先的原则。广场首先被视为一个整体的系统在城市中发挥作用，同时还应当以人的尺度为首要标准，从改善居民生活环境、满足活动功能的目的出发，结合特定的历史地域文化条件来进行研究与设计，最终促进城市居民之间的交流，增强城市发展的动力。

（四）绿地景观

由于旧城区早期缺乏合理的规划，旧城绿地多呈现自然零散状的分布形式，缺少较为统一的大块绿地，同时规划中居住区较为集中，居住区附近缺少满足居民交流、休憩需求的绿地。而小型绿地是城市公共开放空间系统的一部分，对城市开放空间的改善起到了巨大作用，同时由于小型绿地通常布置于居住区内部或附近道路一侧，连接街区与街区，并且改善局部区域内的生态环境，所以小型绿地也适用于人口和建筑密集的城市，是城市公共绿地系统中非常重要的一部分。因此，如小游园、口袋公园及街头绿地等这类小型绿地的改造或新建是城市更新理念下旧城绿地景观改造的重要组成部分。

城市更新理念下的绿地景观改造首先需要满足功能需求，因为小型绿地具备开放、便利和分布广泛的特点，而小型绿地紧密联系着周边居民的生活，所以绿地景观更新需要围绕城市街头绿地功能展开来满足居民对城市街头绿地的生活需求。例如，卫红等学者于《街头绿地发展浅析》中指出绿地需要同时满足环境的生态绿化、视觉景观形象以及大众的心理需求和行为习惯。

城市绿地处于城市这个有机联系的整体中。在城市绿地景观改造中，景观设计师需要研究城市街头绿地所处的城市格局和文脉特征，在城市传统的肌理上，保证改造的合理性。

三、“城市微更新”景观改造设计

当代中国在经历了快速城市化进程与大规模建设后，经济发达地区的城市建设逐渐从增量时代过渡到存量改造时代。通过城市更新来改善城市是一个必然的选择，也是城市发展的进步。城市是一个复杂的有机体，各个系统之间的关系错综复杂。大规模城市和街区更新固然会给城市发展带来显著效益，但同时也会产生另外的问题，如对人们的生产生活产生不利的影响，从而引发诸多不确定的后果。当前，紧缩发展、城市的精明增长与精细发展在城市更新中被认为是有价值的取向。“城市微更新”随之逐步成为一个热点话题和实践的方向，尤其在社区空间和一系列零碎的景观空间改造中表现突出。

“城市微更新”景观改造是在尊重城市内在的秩序和规律、整体保护原有城市肌理和风貌的基础上，强调通过居民的参与，采用适当的规模、合理的尺度，对局部小地块进行更新以形成城市自主更新的连锁效应，创造出有影响力、归属感和地域特色的文化及空间形态。“城市微更新”的过程更接近于城市自身的有机增长规律，过程和结果也更易于把控，因此也更容易带来积极的效果。

第六章　项目实例

随着我国经济的快速发展，人们的生活水平不断提高，对身边环境的重视程度也在不断加大，空气清新、环境典雅的人居空间日渐成为人们的迫切需求。如何在城市公共空间中创造出既满足功能需要又让人倍感舒适的环境，让艺术与都市、人文与自然、传统与现代、建筑特质与区域共性和谐统一，是景观设计师一直探求并潜心研究的课题。本章分为南宁东站交通枢纽广场景观设计、南宁国际会展中心改扩建工程景观设计、广西壮族自治区第12届（防城港）园林园艺博览园景观设计、北海冠岭国宾接待基地景观设计四部分。主要内容包括综合性交通枢纽站前广场特征、南宁火车东站南北广场景观设计特色及要点、南宁国际会展中心景观现状、南宁国际会展中心生态节约型景观设计思路与策略、园林园艺博览园设计特色等方面。

第一节　南宁东站交通枢纽广场景观设计

一、综合性交通枢纽站前广场特征

（一）广场使用人群宽泛

综合性交通枢纽站前广场主要服务对象包含乘车旅客、接送站人员、参观游客、城市白领、购物人群、休憩居民、维护人员七类人群。大多数站前广场是由地下、地面所组成的多元化、立体化交通网络，主要进出站、换乘的机动车及人行交通均在地下空间得到基本解决。广场慢行层的空间除具有集散功能外，更多的是具有展示城市形象、服务城市生活的综合性功能。

（二）广场功能定位体现综合性特征

站前广场作为未来城市综合交通枢纽的重要组成部分，是集旅客集散、城市休闲、商旅、文化展示、信息发布、防灾避险为一体的城市综合型广场。在站前广场的景观设计中，应充分考虑广场作为轨道与市内交通换乘枢纽的功能要求，注意提高轨道交通与地面公共交通与慢行交通的衔接效率，以满足客流换乘接驳方便、高效的需求，从而体现现代化市内交通枢纽的最新水平。

（三）广场设施建设标准不断提高

为满足城市广场使用者的切身需求，城市广场应配置智能系统来有效保障站前广场的安全和日常管理。此外，为使城市广场成为城市休闲、商旅、文化的新中心，应合理设置城市广场的功能性场所，强化城市广场的旅游休闲、商务信息等功能，并应突出城市广场的文化味，充分展示城市文化特色，努力将城市广场打造成为展示城市窗口的重要名片。

二、南宁火车东站广场概况及设计理念

（一）南宁火车东站广场概况

南宁火车东站是一座高度现代化的铁路客运特等站，是集高铁、普速、地铁、公交、长途客运于一体的特大型综合交通枢纽站。车站位于南宁市青秀区凤岭北路北侧，设计广场位于南宁东站站房南侧与北侧，分为南、北两部分，总用地面积约为 0.22 km^2。南、北广场是南宁东站内部交通的重要环节，更是南宁东站综合交通与外部衔接的重要环节，具有旅客集散、美化城市等功能。

（二）南宁火车东站广场设计理念

南、北广场分别以“绿城窗口”和“壮乡客厅”为景观主题，并结合主题对其地域文化和景观元素进行了挖掘，分别体现了“壮乡景观风貌”和“绿城”“水城”“花城”特色。

第二节　南宁国际会展中心改扩建工程景观设计

一、南宁国际会展中心概况

南宁国际会展中心位于南宁市发展迅速的青秀区中心地带，由主建筑、会展广场、民歌广场和行政综合楼等组成。南宁国际会展中心的总建筑面积约为 15 万 m^2，包含了 14 个大小不同的展览大厅，其中标准展位共 3000 个，设有 1 个可容纳 1000 人的多功能大厅 1 个、100 人以上的会议室 5 个，各种标准的

会议室 8 个，并配备了新闻中心、餐厅等配套用房。项目于 2001 年动工兴建，2003 年一期工程开始投入使用，二期工程于 2005 年竣工。

此外，中心周边交通便捷，临近城市快速路——竹溪大道、主干道——民族大道以及次干道——会展路，具有很高的交通可达性。周边还有石门森林公园、竹排冲等丰富的自然景观，这些自然景观为其节约型景观设计提供了无限的可能。

二、南宁国际会展中心景观现状

南宁国际会展中心承担着中国 - 东盟博览会和中国 - 东盟商务与投资峰会的举办任务，是为“两会一节”提供服务的主要载体，它是南宁东道主形象的有效体现，自治区及南宁市政府对此项目高度重视，亟须通过景观美化来打造南宁国际会展中心的名片效果。南宁国际会展中心改造前渐显疲态，景观形象陈旧，交通不畅，无法应对多样性要求。此外，边坡区域位于南宁国际会展中心东侧，面积约为 4.7 公顷（1 公顷 =1 万 m^2），是全国规模最大的会展类边坡，既承担着地质灾害治理的任务，又承担着景观展示的功能，因此此部分也是南宁国际会展中心景观设计的重点和难点。中轴线区域位于南宁国际会展中心北侧，紧邻民族大道，现状为大面积的停车场，阻隔了南宁国际会展中心的交通和景观视线，如何利用生态节约的景观设计手法对其进行景观融合、衔接等处理，也是需要重点探讨的问题之一。

（一）水景观丰富

南宁属于多雨城市，因此南宁国际会展中心所处区域的年降水量也比较高，现阶段主要使用一些铺装材料如透水、透气铺装材料来渗透雨水，或者通过嵌草铺装材料渗透雨水。南宁国际会展中心原先绝大多数都使用了透水铺装材料，但是在景观雨水收集方面未形成系统，雨水基本上利用直排的方式流入城市排泄系统或者市区四周的湖泊中，雨水回收利用率较低。

（二）能源资源丰富

南宁国际会展中心所处的青秀区位于南宁市中心，城市区域光能比较丰富，针对清洁能源的利用以及开发的措施等的研究较少，缺乏对清洁能源的一些有效的应用，且尚没有关于清洁能源利用率的相关统计。

区域的林荫绿化原有的成效相对较为明显，有一定的林荫停车场成效，基本已经形成一定的林荫停车场系统，但是品种单一，且在生态多样性方面缺乏深化，导致局部的绿地区域出现裸露黄土以及植物杂乱的现象。

（三）建筑材料不够环保

南宁市在城市建设中所使用的环保材料，大多为实木、混凝土浇筑的雕塑，整块石头制成的各种形态的物体，或者仿木栏杆以及亭子等。会展中心旁边的青秀山风景区以及荔园山庄中的一些滨水围栏或道路使用的是实木。由于实木很容易被腐蚀，损坏得很快，很难进行维护，因此部分重点景观及雕塑主要使用混凝土浇灌，游人步道及其栏杆还有观赏亭的仿木材料也多为混凝土，外贴仿木砖或者描绘仿木纹样，虽在质量上得到了一定的保障，但亦远未能达到美化景观的目标。

在乡土铺装材料的使用上，大多数的景观道路都使用了花岗石及大理石等材料，这些材料价格高、缺少特色。在铺地的时候使用的大理石是光面的，或者对在园路中使用的花岗石进行了抛光，容易致使行人步行的时候滑倒，存在很严重的安全隐患。

同时，景观废弃物及建设垃圾大多杂乱无章地堆在一起，利用率比较低，绿地上经常会看到废弃的垃圾。目前采取的处理方式基本是使用填埋或者焚烧的方式进行，一方面对空气环境造成了污染，另一方面也影响了景观风貌，亟须研究更科学、合理的处理办法。

（四）各类场地景观元素丰富

1. 景观绿地

南宁国际会展中心拥有一系列的生态林荫停车场，这些生态林荫停车场上也有大量的绿化面积，很多民众愿意到这里休息。虽然林荫环境得以改善，且配备有相应的设施，但是总体景观效果较差，用地的交通系统较差，不能形成停留空间，虽然实现了最初的绿化目的，但是在景观氛围营造以及人流交通方面存在较大隐患。同时，边坡区域用地的生态系统已经完全被破坏，除了地质灾害的结构恢复之外，亟须恢复原边坡用地的景观生态系统，并用景观设计的手法美化，这也是生态节约手法下景观设计的重点和难点。

景观绿地一般由乔、灌木等树种组成，植物品种单一、植物层次不丰富，严重的时候林下的黄土会裸露出来。道路绿化主要以乔、灌木为主，有些道路路面狭窄，绿化较少，有的甚至没有，仅有的绿化植物种类也比较单一，基本上只有灌木一种甚至无任何生态恢复品种。

2. 边坡区域

2010 年 7 月，受强降雨影响，南宁市会展路东侧紧邻石门森林公园的高边坡发生局部滑坡，且有继续扩大的趋势。经南宁市国土资源局组织地质灾害专家现场调查，认为该斜坡变形范围较大，局部已经发生滑移，在持续降雨的恶劣天气下发生失稳滑移的可能性很大，直接威胁会展路及国际会展中心的安全，因此，亟须将预防地质灾害和景观生态节约设计结合起来，如在坡面上布置钢筋混凝土格构梁，格构梁的节点采用预应力锚索与锚杆联合支护，或者在台阶及坡顶重新修砌排水沟，完善排水系统等。

3. 中轴线区域

中轴线区域位于南宁国际会展中心北侧，紧邻民族大道，面积约为2.6公顷，现状为大面积的停车场，阻隔了南宁国际会展中心的交通和景观视线，造成南宁国际会展中心的交通可达性和景观连续性较差。

三、南宁国际会展中心生态节约型景观设计思路与策略

南宁是广西壮族自治区首府，属于亚热带地区，在设计中应注重对广西民族文化的表达，充分利用壮锦、绣球、朱槿花灯元素进行设计，同时应注重突出南宁人的绿色情结和南宁“中国绿城”的品牌形象。绿化种植应选择南宁最具代表性的乡土树种，在景观小品上应充分解构代表“绿城”南宁的树木元素，以树枝造型呈现欣欣向荣的景象，让异国友人和国内其他地区的游客充分感受广西的民俗风情和南宁的地域特色。

同时，将东盟各国的文字、文化巧妙融合在设计中，既突出了国际性、民族性、现代性和艺术性，又以打造“东盟文化链”为突破口，有效推进了我国同东南亚各国的人文交流，向世界展现出了绿城广西成为中国－东盟博览会永久举办地的新风采及新形象。

（一）设计思路

本节综合东盟文化、广西民族文化，结合生态节约型景观设计理念，提出设计的总体思路。

1. 从思维上贯彻生态节约理念

设计者在景观设计、建设、管理中都需要坚持节能的思想，需要遵守乡土性、保护环境以及节能、进一步深化自然生态等节约型设计准则。设计者在设计理念上，需要对资源进行整合，以促进生态节约型景观的可持续发展。

2. 从景观设计上优化空间布局

设计者应利用实地调查以及走访等方式获得一手资料，并利用3S（遥感、地理信息系统、全球定位系统的统称）技术进行相关的分析，以保障景观设计

的科学性。在设计景观系统时，设计者应将城市整体规划和有关的细节规划进行有效结合，从而提高景观设计的科学性。另外，在总体布局中，设计者需要关注绿化与被自然灾害损坏的景观系统的恢复之间的关系，合理配置景观空间，在设计规划方面应让其尽量平衡，以延续空间，弥补其缺陷，并形成多样性的景观，建立节约型生态系统。

（二）设计策略

南宁国际会展中心具有其独有的特征：一方面，景观资源丰富，绿化现状较好，为景观设计提供了充足的条件；另一方面，受区域气候、地形地貌等的影响较大，给景观设计提出了难题。因此，在制定设计策略时，设计者可从以下几方面考量。

1. 场地生态节约型景观设计

场地是项目的主要载体之一。场地生态节约型景观设计的步骤如下：首先，从整体上对项目区域进行景观判断和设计，主要是结合东盟文化、南宁文化，进行整体风貌的把控；其次，对中轴线景观进行处理，主要是采用广场设计的手法，将轴线两侧景观风貌相融合，形成整体效果；再次，对边坡区域主要采用植物栽培的方式，打造层次分明的景观效果；最后，总结以上 3 个层次区域的需求，甄选具有代表性的植物进行栽培。

2. 土方生态节约型景观设计

地形地貌是影响景观设计的主要因素之一，土方生态节约型景观设计，可以从以下两个方面入手：①充分利用地形起伏变化进行景观设计；②充分利用边坡营造标志性景观。

3. 水资源生态节约型景观设计

水是南宁景观风貌的重要组成部分之一。在设计时，设计者应结合生态节约的理念，充分考量现状与雨水回收利用率低下的问题：首先，应注重对雨水排放、收集系统的设计，提高雨水的利用率；其次，应做好回收雨水的水体处理工作；再次，应将边坡设计成雨水回收和利用的主要载体，既能丰富边坡形式，又能有效避免滑坡等隐患的发生；最后，应采用最新的灌溉技术，合理利用雨水，节约水资源。

4. 能源生态节约型景观设计

能源来自自然，生态节约型景观设计要求将景观与能源采集、利用结合起来，只有这样才能形成所谓的节约、设计相融合。南宁的日照资源丰富，因此太阳能是重点研究对象之一。同时，“绿城”南宁的高绿化率、覆盖率等，为城市提供了充足的氧能，对改善会展中心局部小气候具有重要意义。综上，太阳能、氧能，成了能源生态节约型景观设计的重要内容。

5. 材料生态节约型景观设计

建筑材料的采用关乎景观风貌的塑造，特别是乡土材料的使用能深刻凸显本地特色；同时，节能材料的使用已经是当今时代的要求，是创造“节约型”城市的必备条件。在南宁国际会展中心景观设计项目中，主要采取的方法有：①注重废旧材料的回收利用；②使用当地特色节能材料；③运用新型节能材料；④选用特色材料塑造城市细节特色；⑤采用特色节能铺装材料。

第三节　广西壮族自治区第 12 届（防城港）园林园艺博览园景观设计

一、防城港市园林园艺博览园概况

第十二届广西（防城港）园林园艺博览会（以下简称“园博会”）于 2019 年 7 月 12 日在防城港市园林园艺博览园（以下简称“园博园”）主场馆正式开幕。本届园博会的标识如图 6-1 所示。本届园博会主办城市为广西壮族自治区防城港市。项目基地位于防城港市中心区核心主干道金花茶大道西侧，南端紧邻市政府及北部湾海洋文化公园，占地面积 219.13 公顷，规模之大在广西历届自治区级园博园中位列前茅。

图 6-1　第十二届广西园林园艺博览会标识

园博会的主题是“丝路花海・港城绿谷”，设计方案提取“防城港融入‘一带一路’建设的时代背景”为文化底蕴，围绕“丝路花海・港城绿谷”主题，在城市中心打造“健康、智慧、生态、活力、文化、经济”的园博园，营造了“一带一路”大事记、构建人类命运共同体友谊林、珊瑚海广场、台地花园等特色景点。

园博园建设作为广西壮族自治区人民政府着眼于推进城镇化跨越式发展、改善人居环境、加快城市生态文明示范区建设的一项重大活动，同时也是展示园林园艺艺术水平和广西魅力的有利契机和重要发展平台。防城港市园博园的建设有力促进了广西园林园艺科技文化交流，提高了防城港市的园林绿化和生态建设水平。

园博园总体设计结合场地先天自然条件，打造北区“城市森林公园”、中区“体育文化公园”及南区“城市精品园林”三大主题区，汇聚防城港最具代表性的多元文化，除公共园区外，内部规划设置 14 个地市“城市展园”，通过特色鲜明的园林造景，彰显各地市在园林园艺方面的建设成果。园博园总体设计贯彻“城园融合”的理念，将园区布局与城市周边用地功能、市民需求紧密结合，打造成为对防城港市民具有强大吸引力的城市共享生活空间。防城港市园博园园内景观如图 6-2 所示。

（a）贺州园

（b）防城港市园博园入口

（c）桂林园

（d）崇左园

图 6-2　防城港市园博园园内景观

二、防城港市园林园艺博览园设计特色

以“丝路花海·港城绿谷”为主题、“城园融合”为亮点，立足园博园对城市建设的重大影响，充分考虑“后园博园时代”的综合利用价值，结合其独特的地理区位，为防城港市海湾新区量身打造一处绿意盎然、富具活力的“城市共享客厅”，防城港市园博园设计图如图 6-3 所示。

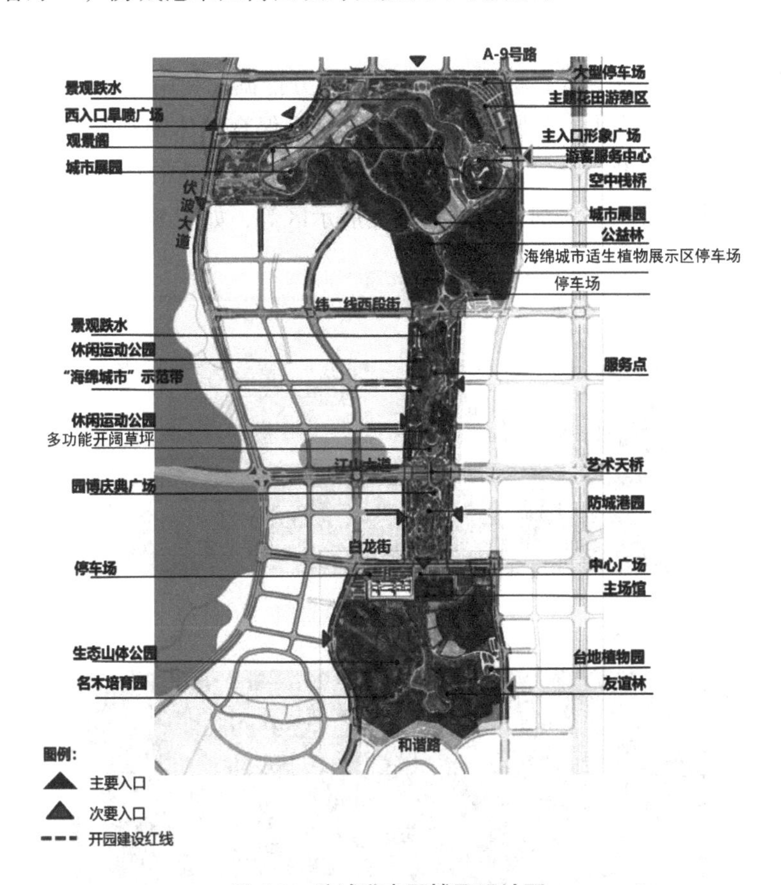

图 6-3　防城港市园博园设计图

（一）规划结构

“三园三轴一带”——沿南北向核心景观轴依次展开城市森林公园、体育文化公园、城市精品园林三大园区，并衔接站前大道与滨水景观带形成两条次要景观轴线与防城江滨水景观带相互贯穿。

“三核多点渗透”——结合功能服务中心在北区、中区、南区分别形成绿地核心，围绕三个绿核与三条景观轴线形成多个景观节点，通过丰富的游线将

各节点进行合理的串联，增加游人的游玩体验性。

（二）分区特色

为体现防城港市生态海湾特色，传承历史文脉，吸纳造园理念精髓，展示园林文化魅力，该项目结合园博园用地的自然生态条件和周边规划区位，设计规划了三大特色分区。

1. 城市森林公园（北区）

北区以节能环保、低影响开发为原则，充分挖掘和利用场地生态资源价值，设有 10 个城市展园供游人观赏游憩，具有生态保育、休闲观光、户外运动等多种功能。主要建设内容包括园博园入口广场、游客服务中心、空中架空廊桥、生态山体、亲子游园、海绵城市适生植物展示区等，如图 6-4 所示。

（a）鸟瞰效果图

（b）近景效果图

图 6-4　城市森林公园（北区）

2. 体育文化公园（中区）

场地中轴结合海绵化水体景观和绿化山体，设有城市公共景观绿道和市民共享活动空间；西侧结合未来城市公共场馆打造了一条以公众体育运动和健身休闲为主题的体育健康街，东侧结合城市商业开发打造了一条以文创商务和休闲体验为主题的文创休闲街，如图 6-5 所示。

（a）鸟瞰效果图

（b）近景效果图

图 6-5 体育文化公园（中区）

3. 城市精品园林（南区）

南区规划布置有园博广场、主展馆、参展城市精品园林等节点，是防城港市大型节庆活动的核心区域，并依托南端绿色公园打造了精致的园林景观，如图 6-6 所示。

（a）近景效果图

（b）鸟瞰效果图

图 6-6　城市精品园林（南区）

（三）设计亮点

1. 凸显防城港市滨海山地植物特色的绿化设计

在充分尊重场地的原始自然植被基底上，以保留利用为基础，通过林相改造及重要节点精细化设计的方式对园区园林绿植进行专项设计，力求在打造优美公园环境的同时，高效节省工程投资。

2. 兼顾实用与形象展示的园区建筑设计

防城港市园博园项目规划总占地面积为 3287 亩（1 亩 ≈ 666.67m^2），建筑物总面积约为 3.5 万 m^2，涉及多功能园博园主展馆、文化创意街、游客中心等。在造型设计上结合防城港亚热带滨海城市特色，在功能及空间设计上充分考虑开园期间以及“后园博时代”的功能转换和运营需求，力求通过合理的空间预留，实现园区运营维护的造血功能，如图 6-7 所示。

（a）主展馆及商业衔效果图

（b）主展馆室外景观效果图

图 6-7　兼顾实用与形象展示的园区建筑

3. 以“一带一路”为主题的城市文化公园设计

作为“一带一路”的重要节点城市和南向通道门户城市，防城港市区位、资源、政策优势凸显。项目组积极配合防城港市政府的政策方向，力求将园博园建设成为以“一带一路”为主题的城市文化公园。

防城港市是“国际医学创新合作论坛”主会场的举办地，在设计时加入了具有场地记忆的精神堡垒，将原定位为体育场的主展馆改造为主会场，将现状山谷提升为高规格的友谊林。

凸显“海陆双通道”及京族元素的防城港园（城市展园），结合场地内保留的山体，在两侧分别策划了“西部铁路线”“南向航运线”两条景观主题线，将防城港的海洋自然与人文元素、京族文化元素融入其中，如图 6-8 所示。

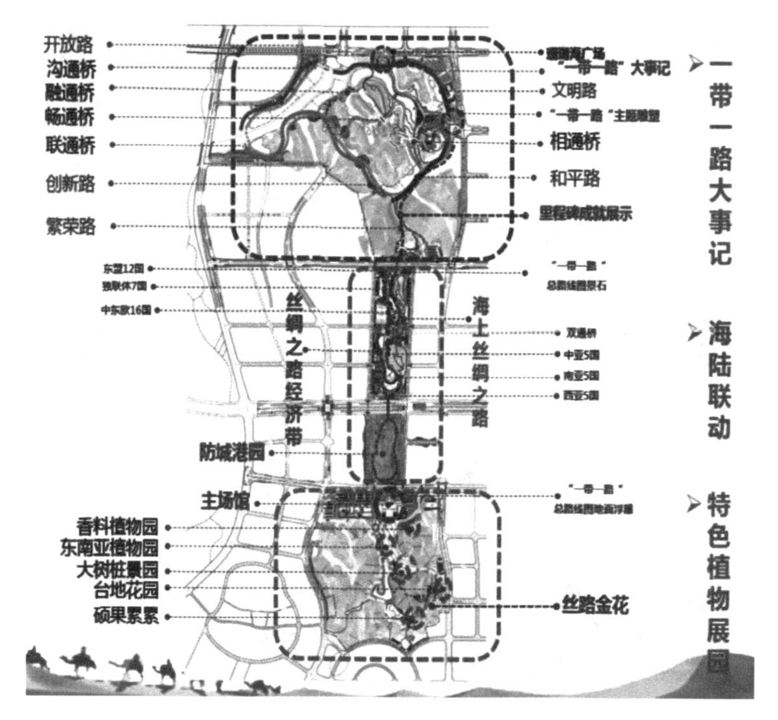

图 6-8　以“一带一路”为主题的城市文化公园设计

（四）创新与特色

园博园场地内以丘陵山地、农田、水塘为主，地形条件复杂，设计时需要综合考虑场地的利用与改造。

①现状水体多以保留处理，北区水体利用现状虾塘的高差营造跌水景观，中区为减小土方回填量而形成生态湿地，南区因水体深度过大而采用安全围挡措施。

②现状山体陡峭，施工过程中造成了山体裸露。场地面积大、情况复杂。在对山体进行复绿设计时，设计人员按山体坡度进行分类，分别提出了生态袋法、喷播法、台地处理法等方法，涉及景观、绿化、岩土、结构、给排水等专业。

③地质情况复杂，工期紧凑，需要进行现场判断。园区道路经过河塘时遇到了流沙、厚重淤泥、地下管线，需要判断地质类型，施工人员提出了抛填片石、清除淤泥、路基护坡等措施。桥梁施工期间，因勘察资料的缺失，施工人员只得边钻探边研究地基情况，这需要准确判断桩基持力层。

三、防城港市园林园艺博览园的建成效果

（一）国际医学创新合作论坛成功举办

国际医学创新合作论坛是由上海合作组织睦邻友好合作委员会、广西壮族自治区人民政府共同主办的一次专业领域国际高规格论坛，防城港市在国内城市的激烈角逐中获得 2019 年国际医学创新合作论坛的举办资格，而防城港市园博园则是国际医学创新合作论坛开闭幕式的主会场和友谊树种植区。

2019 年，在防城港市举办的国际医学创新合作论坛是上合组织成员国及观察员国共同参与的第一届国际高规格论坛，如图 6-9 所示，参加论坛的有上合组织成员国、观察员国、对话伙伴国、秘书处以及泰国、乌克兰、摩尔多瓦等国家和组织的领导、专家、学者等近千名国外嘉宾，以及国内 18 位院士、3 位国药大师和 50 位顶尖专家。2019 年 6 月 14 日，习近平主席在上合组织峰会上的讲话，肯定了同年 5 月份在防城港市召开的国际医学创新合作论坛所取得的成果。参会的多个国家领导人都对这次论坛给予了很高的评价。

图 6-9　2019 年国际医学创新合作论坛开幕式

（二）第十二届广西园林园艺博览会顺利开园

作为承办城市，防城港市以“一带一路”作为设计主线，突出“丝路花海·港城绿谷”设计主题，烙印“国际医学创新合作论坛”场地记忆，同时融合了 14 个地市的地域文化，打造出不同于其他历届园博会的独特亮点，如图 6-10～6-12 所示。

图 6-10　第十二届广西（防城港）园林园博览会开幕式

图 6-11　防城港园开园仪式

图 6-12 总体鸟瞰图

第四节　北海冠岭国宾接待基地景观设计

一、北海冠岭国宾接待基地景观概况

北海冠岭项目景观一期工程总建设用地为 336891 m^2，其中项目景观工程占地为 323979 m^2，占总用地面积的 96%。景观工程的工作内容除包括对山体的整体林相改造及海滩改造外，还包括接待服务区的景观工程设计、机动车道和步行道的设计以及入口景观设计，整合了项目内部的文化景点和自然景点。

项目景观采用统一的设计风格，为地域性原生态风格，其使用本地砂岩砌筑而成的粗犷建筑外表与相对细腻的清水混凝土、深挑檐、大落台、吊脚楼形成强烈的对比，而成片的防风玻璃与悬挑在岩石之上的大挑台给客人提供了举目远眺的极佳视野。建筑依山面海、高低错落，犹如在海滩边的山岩上自然生长出的块块岩石，掩映在丛林碧水之间。

二、北海冠岭国宾接待基地景观设计特色

（一）技术难点

1. 独特的项目类型

项目用地依山傍海，设计中应充分考虑建筑与环境在空间尺度上的协调，顺应地形、依山就势，最大限度地尊重和利用优质生态环境。

2. 高难度建设条件

项目基地山体形势陡峭，且大量山体以风化岩为主，这对项目的设计和施工提出了极高的安全性技术要求。另外，海滩改造及林区病虫害的防治也是工程设计的难点之一。

3. 高规格品质要求

为满足国家级贵宾的高端接待需求，景观工程设计师以功能性和地域特色为出发点，通过新理念、新技术、新材料的应用，堆山理水，实现了塑造高品质生态景观氛围的目标。

（二）项目创新

1. 景观主导统筹的优越性

景观主导统筹的优越性表现在以下几方面：针对项目的独特类型，打破了传统先规划，再到建筑、道路，最后到景观的专业介入模式；景观专业于项目启动前期优先介入进行项目主导，通过翔实的基地踏勘和景观要素分析，结合功能需求进行了功能分区和风格定位；从景观效果优先的角度，结合场地条件进行内部道路选线和建筑布局的合理选点定位，为整体规划布局结构打下了良好基础；在后期具体工程设计中，作为综合主导专业协调道路、建筑、结构、智能、水电、设备、装修等各专业工种的衔接工作，做到了景观效果的全面覆盖控制，确保了无设计死角和漏项，为实现最终的优良实施效果提供了有效保证。

2. 吊脚楼山地景观特色

设计团队巧妙利用项目建设山体开挖过程中造成的不利地形条件，结合场地安全性结构挡墙及建筑架空层空间，通过景观平台的错落营造特色，打造出吊脚楼特色室外景观活动空间。

3. 海滩景观改造

为确保海滩建筑的安全性和景观美观效果，设计团队通过专业海滩改造技术对现状海滩进行改造处理，实现了建筑与景观、功能与美观的完美结合。同时，设计团队借用自然的海岸条件，以山石流水和特色植物为主要元素，创作出以山、石、海、滩为核心特色的自然环境风貌景观。

4. 景观“隐蔽工程”

针对项目建设中的室外设备安置问题，设计团队通过综合场地景观视线分析并根据设备安装要求，进行最佳的位置选点，并对相关景观进行“隐蔽弱化”处理，从而杜绝在场地内出现景观视觉死角。例如：

①结合场地高差将接待楼泳池的水处理设备设置在泳池下方，一方面很好地满足了设备安装需求，另一方面通过泳池外立面处理，形成了独具特色的火山岩无边泳池景观效果。

②对室外空调机组则通过绿化遮挡的方式进行视线遮挡和噪声隔绝处理。

③海滩公共服务建筑，采用仿生设计，将建筑外壳设计成一组堆砌的“礁石”，配合植物绿化掩映在海滩丛林之间。

5. 建筑灰空间打造

针对建筑挑台、架空层等灰空间，设计团队提出“引景入内”的思路，通过设置贯穿建筑门厅的观景平台以及打造架空层半室内空间，将室外景观引入室内，做到室内外空间相互融合，从而带给使用者开阔大气又独具细腻细部的景观空间感受。

6. 新材料新技术的应用

①在泳池外壁、挡墙、铺装小品选材方面，设计团队选用独具北海特色的“火山岩”作为景观装饰材料，在实现景观场景感官呼应关系的同时又体现了典型的北海地域特色。

②无边玻璃泳池：在接待楼景观设计上，设计团队创新性地设置了与大海融为一体的无边玻璃泳池，为使用者打造出亲切舒适的景观感受。

③仿木漆的应用：考虑到景观设施的耐久性和美观性的结合，设计团队在室外亭廊设计上采用抗腐蚀、耐酸碱的仿木漆技术，对混凝土景观构筑物进行了美化处理，实现了柔和的视觉效果。

④在内部道路挡墙方面：设计团队采用“喷播”技术结合攀爬植物进行了景观美化处理。

⑤在丛林病虫害方面：设计团队在提出林相改造方案的同时，一方面通过在密林中设置景观廊架减少病虫害对使用者的侵扰，另一方面通过引入生态技术手段（如引鸟）实现生态灭虫。

7. 观景效果与相对私密性处理

在景观视线研究方面，设计团队应在项目初期即介入建筑选址，通过三维软件计算论证，一方面要尽量为各栋建筑选择最佳的观景朝向，同时又要考虑避免建筑之间的视线干扰，并在后期通过设置景观绿化，完善各建筑之间的视线隔离，从而保证各栋接待建筑的观景效果与相对私密性的完美结合。

8. 生态资源保护

设计团队在项目前期对场地内大型树木进行标注定位，并融合到方案设计过程中，后期实施阶段又派专人进驻施工现场，对需要保留和移植的现状树木进行现场标记，实实在在地做到了全程贯彻生态性原则。

例如，设计团队针对施工过程中发现的接待楼入口前的庭院大树，及时修改设计方案，通过调整道路及挡土墙将大树保留下来，并对挡土墙进行景观雕塑跌水景观处理；在林间游步道的施工过程中，设计人员亲临现场根据现状树木位置调整优化线路定点，做到生态优先。

9. 合理性论证

接待区作为一个独立的封闭管理体系，建筑均采用尽端式布局，这样的设计便于安全保卫工作。道路选线依山就势，注重与山体自然条件的有机融合，设计团队针对高落差的复杂地形条件，通过结合国内外类似山地项目的相关经验，对道路选线、坡度、断面等设计进行了合理性论证，确保了项目的经济性和可操作性。

参考文献

[1] 朱望规 . 城市公共环境景观与建筑小品 [M]. 北京：中国建筑工业出版社，2012.

[2] 王贞 . 城市河流生态护岸工程景观设计理论与策略 [M]. 武汉：华中科技大学出版社，2015.

[3] 赵烨 . 基于大尺度自然景观融合的城市设计 [M]. 南京：东南大学出版社，2014.

[4] 韩凝玉，张哲 . 传播学视阈下城市景观设计的传播管理 [M]. 南京：东南大学出版社，2015.

[5] 赵刘 . 城市公共景观艺术的审美体验研究 [M]. 北京：人民出版社，2015.

[6] 彭军，高颖 . 城市公共设施设计与表现 [M]. 天津：天津大学出版社，2016.

[7] 曹磊，杨冬冬，王焱，等 . 走向海绵城市：海绵城市的景观规划设计实践探索 [M]. 天津：天津大学出版社，2016.

[8] 李哲 . 基于当代生态观念的城市景观美学解析 [M]. 天津：天津大学出版社，2016.

[9] 张晓辉 . 对城市居住区环境设计现状的反思 [M]. 长春：东北师范大学出版社，2017.

[10] 许彬 . 城市景观元素设计 [M]. 沈阳：辽宁科学技术出版社，2017.

[11] 方慧倩 . 城市滨水景观设计 [M]. 沈阳：辽宁科学技术出版社，2017.

[12] 刘谯，张菲 . 城市景观设计 [M]. 上海：上海人民美术出版社，2018.

[13] 谷康，徐英，潘翔，等 . 城市道路绿地地域性景观规划设计 [M]. 南京：东南大学出版社，2018.

[14] 曾筱 . 城市美学与环境景观设计 [M]. 北京：新华出版社，2019.

[15] 郭征，郭忠磊，豆苏含 . 城市绿地景观规划与设计 [M]. 北京：中国原子能出版社，2019.

[16] 徐琳，韦铸洋 . 城市公共景观艺术设计的地域性研究 [J]. 美与时代（城市版），2018（10）：66-67.

[17] 武勇，田阳 . 基于大众行为的城市公共景观环境设计探讨 [J]. 现代园艺，2019（11）：102-104.

[18] 丁明清 . 基于现代城市公共景观环保节能型设计方法研究 [J]. 环境科学与管理，2019，44（12）：62-66.

[19] 宋捷，蒲佳 . 现代城市公共景观设计的地域文化传播研究 [J]. 造纸装备及材料，2020，49（2）：223.